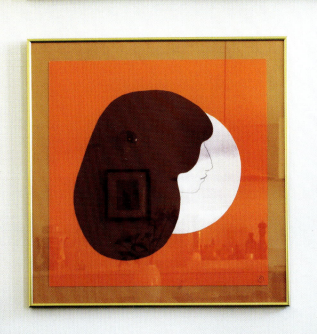

北欧私宅
色彩的故事

用充满活力的现代配色装饰你的家

(瑞典) 安东尼娅·阿夫·彼得森斯 著
(英) 贝丝·埃文斯 摄影
张晨 译

辽宁科学技术出版社
·沈阳·

北欧私宅
色彩的故事

用充满活力的现代配色装饰你的家

(瑞典) 安东尼娅·阿夫·彼得森斯 著
(英) 贝丝·埃文斯 摄影
张晨 译

THIS IS TRANSLATION OF NEW NORDIC COLOUR,
TEXT COPYRIGHT © ANTONIA AF PETERSENS 2-17
DESIGN AND PHOTOGRAPHS COPYRIGHT © RYLAND PETERS & SMALL 2017

FIRST PUBLISHED IN THE UNITED KINGDOM IN 2017
UNDER THE TITLE NEW NORDIC COLOUR BY RYLAND PETERS & SMALL LIMITED
20-21 JOCKEY'S FIELDS
LONDON WC1R 4BW, UK
ALL RIGHTS RESERVED

©2019辽宁科学技术出版社
著作权合同登记号：第06-2018-266号。
版权所有·翻印必究

图书在版编目（CIP）数据

北欧私宅色彩的故事 / (瑞典) 安东尼娅·阿夫·彼得森斯著;张晨译.—沈阳:辽宁科学技术出版社, 2019.8
书名原文: NEW NORDIC COLOR
ISBN 978-7-5591-1088-6

Ⅰ. ①北… Ⅱ. ①安… ②张… Ⅲ. ①住宅-室内装饰设计-配色 Ⅳ. ①TU241

中国版本图书馆CIP数据核字(2019)第033518号

出版发行：辽宁科学技术出版社
　　　　　（地址：沈阳市和平区十一纬路25号　邮编：110003）
印　刷　者：鹤山雅图仕印刷有限公司
经　销　者：各地新华书店
幅面尺寸：216mm × 254mm
印　　张：10
插　　页：4
字　　数：200千字
出版时间：2019年 8 月第 1 版
印刷时间：2019年 8 月第 1 次印刷
责任编辑：于　芳
封面设计：关木子
版式设计：李　莹
责任校对：周　文

书　　号：ISBN 978-7-5591-1088-6
定　　价：128.00元

编辑电话：024-23280070
邮购热线：024-23284502
E-mail：editorariel@163.com
http://www.lnkj.com.cn

目录

简介　6

何为新北欧色彩？　10

北欧系配色理念　18

深沉折中色　28

浓烈强调色　70

大气柔和色　104

产品信息　152

图片归属　156

设计人员信息　158

鸣谢　160

简介

对我们许多人来说,"北欧色彩"这个词似乎有点矛盾。典型的北欧住宅并不以色彩的运用而闻名。相反,室内设计杂志和《黑色北欧》电视剧(NORDIC NOIR)中那些经典的北欧风格都有白色的墙壁,白色的地板,黑框窗户,墙上挂着雅致的黑白印刷品,还有一些室内植物。

北欧地区的地理位置导致了明显的季节变化——夏天的时候,白昼漫长,延伸入夜,而到了秋冬季节,黑暗和极度的寒冷又似乎没有尽头。不难想到,这样的气象条件决定了这里人们工作、娱乐和生活的方式,而冬季日照不足是北欧人一直追求光照、明亮和温暖的主要原因。

然而，近年来情况已经发生了变化。北欧风格的配色慢慢远离冷峻的白色和淡灰色，更强烈、大胆的色调开始出现在北欧家庭中。可以确定的是白色的墙壁已经被鲜明的彩色所取代，但这个新趋势中还有三个不同的分支。

我将第一种称为深沉折中色。也许是走到了宽敞、简约、白色、明亮室内空间的反面，深沉折中色使用的是深沉、浓郁的色调：黄昏蓝，风暴灰和森林绿，灵感来自引人注目的北欧风光。多叶植物和天然材料——木材、皮革和稻草——结合折中主义细节，一起打造出极具平衡感的室内空间，配合深色背景，将优势发挥到极致。

第二种是鲜艳强调色。这类配色可以给家庭环境带来多样性和选择性。一些家庭中可能仍保留着苍白的墙壁，但以装饰细节，多彩橱柜和鲜艳家具形式出现的生动、鲜明的强调色能让房间活跃起来。这种配色形式使用大胆的细节，为室内空间增添亮点，突出个性。

最后是大气柔和色。这是北欧色彩的一个较为清淡的版本。这种并不是精致的甜杏仁色调，而是强烈、精致、柔和的色调，带有一种清新、鲜艳的感觉。

为什么北欧人突然开始喜欢使用颜色了？本书中，我们将深入探讨新北欧私宅色彩的故事，学习如何以北欧人的方式将现代色彩发挥到极致。

何为新北欧色彩？

北欧色彩的故事

有一种流行的说法,认为北欧风格的室内设计总是轻快、明亮且以白色为主。但这种近年来在北欧家装中占据主导地位的浅色墙壁和极简主义的室内风格实际上是起源于20世纪的一种风格。

事实上,几个世纪以来,许多设计运动已经对这一地区的室内装饰产生了影响,所以新的北欧色彩使用并不是什么新鲜事物。如果我们仔细观察这个地区过去的颜色使用,就不难发现这一点。过去几十年间典型的北欧风格采用的是白色为主的极简主义的室内风格,这可以追溯到1930年的斯德哥尔摩展览。这次展览确立了北欧地区以功能主义为主导的室内装饰风格。展览上展示了一种现代的生活方式,样板房的设计中推崇减少家具,使用大窗户和干净的白色墙壁——呈现出现代生活的诱人愿景。

第二次世界大战后的20世纪50年代,英美设计界创造了"北欧现代"这个词。这种装饰风格是通过几次以北欧国家设计为主的展览而形成的,北欧设计风格商品的出现使得阿尔瓦·阿尔托、汉斯·威格纳、布鲁诺·马斯森和芬·居尔名声大噪,也为制造商生产"优质生活产品"做好了准备。北欧现代风格的室内设计充满人文情怀,低调内敛,有着淡色墙壁,采用天然木材和漂亮的功能性家具。就是在这个时期,北欧室内风格成为好品位的同义词,而这种印象一直延续至今。

但现代主义只是故事中的一部分。巴洛克风格崇尚金色元素和浓厚色彩,而18世纪瑞典的古斯塔夫式风格追求优雅低调。19世纪末起源于英格兰地区的工艺美术运动蔓延到了北欧,带来了一系列天然色彩:大地棕色、森林绿色、罂粟红色和深紫色。

在20世纪20年代,瑞典的格雷斯运动以富有趣味的新古典主义风格和柔和的装饰艺术风格色彩而闻名。我们只需要回顾一下就能发现北欧家庭其实存在色彩缤纷的墙壁。20世纪70年代,斯堪的纳维亚人用强烈的颜色和大胆的图案进行描绘和裱糊。到了20世纪80年代,古斯塔夫式风格再次流行起来,推崇的是淡粉色、天蓝色和杏色的精致配色。20世纪90年代转向了泥土般的自然色调,如赤土色、钴蓝色和开心果绿,随后家居流行配色再次变浅,然后慢慢变成白色、灰色和米黄色。 因此,北欧色彩的概念并不是一个全新的概念。但是,正如这本书所揭示的,在长期的中性色和极简风格装饰流行之后,我们正在见证新颖且令人兴奋的混合着大胆、美丽与清新的北欧风格新流行色的诞生。

拥抱新北欧色彩

回顾历史我们不难发现,历史总是重复的。流行趋势具有周期性,不管你相不相信,今天的时髦在五到十年后一定是过时的。

当谈到新趋势时,时尚界是最先做出反应的,但室内装饰设计行业也总是紧跟步伐。新技术和社交媒体使得发展速度更快,反过来又使流行周期变得更短。流行趋势通常代表对过去的反应,但也会受到政治、社会运动和人口结构变化的影响。

理论上来说,配色的流行趋势会以10—15年的周期重复出现。如果周围环境以白色和中性色为主,过了一段时间我们就会觉得无聊,并开始朝反方向发展,几个世纪以来,这样的模式在室内设计领域十分明显。在过去的15年里,像白色和灰色这样的中性色在北欧家居装饰中占据了主导地位。但是,与趋势周期一致的是,配色也经历着改变。在北欧设计博览会上,室内设计呈现出用色更明亮,更强烈的趋势——橙色,粉色,红色,甚至棕。这种转变很可能会替代近几年极简主义白色的统治地位。

我们将目睹这种颜色新趋势在国际上流行开来,但北欧家庭是最早的使用者。鉴于他们的地理、社会和文化环境,瑞典人、丹麦人、挪威人和芬兰人能够进行大量的家庭整修活动,因为他们不仅有这样的愿望,而且还有这样做的方法。随着颜色趋势的发展,北欧人已迅速加以接受。

中性色

白色和黑色是两种非彩色的原色,流行的灰色介于二者之间。虽然看起来不像,但白色是一种颜色,而且有各种各样的色调。偏黄底色呈现出的白色更暖,更具有奶油质感,而底色为蓝色的白色则更清爽,更冷淡。在瑞典,人们对完美白色油漆的追求创造出了"斯德哥尔摩白"这个词——一种有着微妙的黄色和灰色底色的白色,它已成为标准白色的同义词。

如果想让你的家具和收藏占据主导位置,白色和淡灰色可以成为理想的背景色,它们与冷暖色调都十分搭配。中灰色给人一种柔和、忧郁的感觉,也很便于搭配。每年的大部分时间里,北欧风景都与灰色十分和谐,所以想想刚刚落下的雪,云层或者冰冻的湖泊,我们很可能在户外找到灵感。

蓝色和绿色

随着趋势循环逐渐由白色变灰,再变多彩,蓝色和绿色通常是首先出现的颜色。最近,越来越深,越来越绿的灰色开始流行,还出现了一种让人联想到内陆湖泊的深蓝绿色。

绿色和蓝色是使我们想起风景的颜色——天空、大海、草地、树林——它们也是杰出的配色。蓝色的范围很广,从加上红色底色变成紫色,到与绿色叠加形成蓝绿色。在北欧,人们对空军蓝和海军蓝等柔和的深色有了新的兴趣。

绿色是由蓝色和黄色混合而成的,其变化取决于混合过程中每种颜色的使用量。绿色能够唤起一种平和、宁静的感觉,因此,它是卧室中的常见颜色。在斯堪的纳维亚半岛上,绿色多以灰绿色为主,其中混合了大量白色或黑色,跟鼠尾草,青苔或卡其色,森林绿和海藻很像。

红色和黄色

转动色轮，我们不可避免地来到红色和黄色等热烈的颜色。斯堪的纳维亚人倾向于使用加入了黑色的色彩或柔化的色调。与蓝色和绿色的选择一样，在从白色到多色的趋势过渡中，这种暗淡的颜色也很受欢迎。例如，粉色就十分流行，经常配合浅灰的底色以避免最终效果过于甜腻可爱。醒目的深红色调也很流行，但它们并非活力四射，而是以天然的红色如越橘色、铁锈色和赤土色为主。

在红、黄的色调中，还有橙色的色调。这些暖色让人想起芥末、黏土和泥土——这些并不是传统意义上的北欧色彩，但近年来已经越来越受欢迎。

明亮的红色是夸张而强烈的，因此适合用于客厅或餐厅等社交场所。黄色则是一种清新的色彩，让人感觉温馨、乐观且开朗。这两种颜色用作点缀或色块都十分适合。

深沉中性色

色彩心理学研究预测，随着流行趋势的循环趋向深灰色和红褐色等深色的中性色，流行色彩将变得更深，也更忧郁。与白色一样，黑色也是完美而低调的背景色。将黑色和少量红色混合得到的较暖的黑色，给人更亲切的感觉。

继使用各种灰色的热度之后，围绕温暖的深棕色出现了新的流行趋势。可以用巧克力色、铁锈色、咖啡色或深青棕色试验，选出最喜欢的一种颜色粉刷整个房间或只粉刷一面墙。深色墙壁可以加强纵深感，衬托点缀色和奢华材料。

北欧系配色理念

深沉折中色

最流行的新北欧配色也许是这种我称之为"深色折中主义"的搭配。它代表了我们印象中斯堪的纳维亚风格那种明亮白色空间的对立面；暗淡的色彩被暴风灰、森林绿和靛蓝这类较深的颜色所取代。

大自然一直是北欧室内风格的巨大灵感源泉，现在可能尤其如此。越来越拥挤的城市和快速的城市化进程导致了人们对自然环境的向往，这些欲望反映在室内装饰的流行趋势上表现为对自然配色、纹理和材料的更多使用。这种风格里"折中主义"的部分是对近年来流行的极简主义的一种反弹。与之前的简洁、纯净的风格相比，如今的北欧风有更多的混合搭配，新的较暗颜色受到世界各地的影响，同时也与个人偏好、古董家具、植物和艺术品相结合。

打造北欧风

在选择较暗的颜色时，光照——或光照的缺乏——是需要注意的一个因素。在你认真选择某个颜色之前，建议购入小罐样品并在墙壁或在衬纸上进行试色。随着日光在房间里移动，一种颜色的表现会在一天当中发生很大的变化，足以让你感到惊讶。

白色反射光线，黑色吸收光线。这个道理同样适用于油漆的光泽程度——高光面反射光线，而亚光面吸收光线。设计师的表现技巧是很重要的，暗淡色彩比较流行时，即使房间的墙壁颜色暗淡，也应该能打造出光感和空间感。技巧之一是把天花板漆得比墙壁的颜色浅一些。天花板不一定是白色的，但是因为天花板能够大量折射自然光，如果颜色稍微淡一点，效果就会很好。

使用涂料容易实现光滑、无缝的效果。最近有一种趋势，是把地板、墙壁，甚至是天花板都粉刷成相同的颜色。这样的房间会给人一种比实际空间更大的视觉效果。将建筑特色和木构件刷成与墙壁、天花板一样的颜色可以让家具与房间形成对比。

浓烈强调色

另一种解读北欧配色的方法是去了解其中浓烈强调色的运用。如果说深沉折中色是从大自然的色彩中汲取灵感，这组色彩就是在细节中突出个性。想一想深红色的越橘，盛开的罂粟田或早秋时节北方桦林中鲜艳的黄叶。非常鲜艳的颜色会强烈得令人无法忍受，但是当它们被用作强调色，就不那么有挑战性了。

强调色是用来在设计中进行强调和对比的。根据设计师组合颜色的不同方式，它可以起到强调或弱化的作用。一些设计师认为要在比色转盘上选择位置较近的颜色配对使用，也就是所谓的类似色，如绿色和黄色，或红色和紫色。另一种创造对比的方式是选择互补色，将光谱上彼此正对着的颜色组合起来，如绿色和红色。色调或基本色相同的颜色可以有不同的色度、饱和度（强度）和色值（色彩明、暗度）。考虑到这些特点，就能够将有着相同的细微差别的对比色进行匹配。

北欧家庭一直以来是与极简主义风格联系在一起的——与我们印象中多彩的和强烈的配色相去甚远。但灵活的、具有创造性和冒险精神也是可以用来形容北欧人的词汇。与其他欧洲人相比，瑞典和丹麦的年轻人是最早离开家的，而且会因为教育、就业和旅游的原因而多次搬家。这些情况都给人一种喜欢冒险的感觉，也形成了轻松愉快的家庭装饰风格。

打造北欧风

选择一种贯穿整个空间的颜色，然后选定它的互补色。许多涂料公司都已经为客户做好了这项工作，并开发了配色组合，其中的每个颜色都很容易与其他颜色搭配。关注一个或两个大的区域或元素，以织物或更小的物件的形式，将其与更小的细节，例如针织物或更小的物件，进行搭配。

大胆的细节可以通过中性色或点缀了强调色的墙壁来平衡。仔细选择你的颜色，因为它会在房间的外观上起到重要的作用。为了打造空间感和光线感，可以在墙壁上使用较浅的中性色，然后为木制品和建筑细节选择稍暗一些的颜色。如果将两面较短的墙粉刷成较深的颜色，又长又窄的房间会让人感觉更宽阔也更方正。

采用浓烈的强调色是一种很容易实现的配色方案，也很适合任何喜欢多样性变化的人。室内方案取决于房间的大小、光线和布局，可以在地板、墙壁、家具、固定装置和配件上施以颜色，进行实验。即使你的喜好容易改变，也值得把钱花在经典的设计与优质材料上，当需要一些新元素时，可以在墙壁颜色上寻求变化。

大气柔和色

对于那些喜欢彩色但更中意浅色的人来说，柔和色系是一个很好的选择。同样的，选择颜色时要考虑到自然光和空间朝向的因素。来自北方或西北方向的光照会使颜色看起来偏冷、偏硬，这样的话，选择温暖的色调可以与之平衡。相反，有来自南方和东方的光照的房间感觉温暖而明亮。在北欧家庭中，柔和的色彩搭配能以一种美好的方式强化寒冷的北向光照。

眼下常见的柔和色彩与18世纪80年代的古斯塔夫时期北欧流行的色调十分相近。那时非常流行的柔和颜色又开始流行——浅灰色、鸭蛋蓝和鲑鱼粉。那时像现在一样，简洁的线条十分突出，但如今这是更恰当的压缩版本，而不是原来的经典造型。你可以将柔和色彩的墙壁与石头和木头等天然材料混合使用。也可以考虑用镜子或光面金属进行组合。由于反光表面会反射光线，创造出室内明亮的错觉，与色彩柔和的背景形成对比。

打造北欧风

粉色和淡蓝色十分搭配。粉色是一个温暖的颜色，会与蓝灰色形成有效的平衡，它能带来一种能量和平静的感觉；而蓝色则使人平静，让人耳目一新。因为现代的柔和色彩有黑色的底色，灰色的阴影可以与它们完美地协调。如果你想使用灰色，请记住在朝北的房间中，它可能看起来是带有淡紫色的冷色调。为了避免产生寒冷的效果，应该选择带有黄色或红色底色的暖灰色。除了颜色，抛光处理也起着重要的作用。使用现代的柔和色彩时，应选择光泽度低的亚光颜色，打造天鹅绒般柔软的质感效果。

深沉折中色

深色也端庄

这座五层的公寓位于哥本哈根繁忙的街道之上,顶层的公寓享有开阔的景色。在这儿的室内设计师兼店主米盖拉·耶森在单色的深色背景前,用私人珍宝展示了属于她自己的世界。在公寓的室内设计中,米盖拉充分接受了公寓的现代主义建筑风格,建筑内的流畅线条与一系列的手工艺品、艺术作品和质感上乘的纺织品形成了有趣的对比。米盖拉按照自己的风格,打造了一个结合了都市风情与折中魅力的家。

上左和上右 米盖拉·耶森的公寓里到处都是她的私人物品和她位于弗特街店铺里的物件。球形台灯是由意大利玻璃工作室GALLOTTI & RADICE设计的。米盖拉的男朋友,丹麦艺术家莫滕·安杰洛在她的这间公寓里创作出好几件艺术品;厨房里的那幅画就是其中之一。

对页 每个房间中的深色都以和谐的方式融为一体,而空间内的饰面处理和材料的选用与配色增加了对比。客厅里的墙壁被粉刷成一种接近黑色的深绿色。天花板粉刷了同样的颜色,但采用的不是亚光表面,米盖拉选择了高光泽度增加室内的亮度。

在哥本哈根中心优雅的腓特列堡区（FREDERIKS STADON），距离这座城市最具历史意义的景点一箭之遥的位置，米盖拉和她的儿子生活在20世纪50年代街区的一间精致、优雅的顶楼公寓里。这间顶层公寓坐拥120平方米（1291平方英尺）的全景露台，以及从大窗户涌进的充足阳光。公寓与18世纪著名的腓特列（FREDERIKS KIRKE）教堂为邻，教堂那庄严的洛可可式建筑风格和镀铜穹顶也反映在公寓的装饰设计中，粉刷成暗绿色的墙壁充当着闪闪发光的钢铁、熠熠生辉的黄铜和毛绒纺织品的背景。

1994年，米盖拉在韦尔特街开了她的高端室内设计店。店面位于一座有250年的保护建筑里，装饰得就像一个私人住宅。米盖拉公寓里的很多物件也可以在商店里找到，两个空间的配色方案也十分类似。然而，因为它原本的建筑造型以及大楼里鲜为人知的隐匿处，韦尔特街与公寓相比有着非常不同的活力气息。

由于她的店铺的成功，米盖拉积累了很多帮助别人装饰房子的经验。她的原则是在确定房子装饰的风格之前，先考虑一下它的位置，并接受房子的原始建筑结构，而不是试图与之对抗或将其忽略。米盖拉自己的家就是对这一理论的证明。由于这间位于市中心的公寓外是一览无余的城市天际线，她决定给公寓用精致、灰暗的颜色打造出一种国际化的氛围。汽油绿色和深灰色为现代建筑赋予权威感，把天花板粉刷成和墙壁一样的颜色打造出一种流畅无缝的感觉。找到适合的颜色并不容易——米盖拉测试了13种颜色，才找到了最适合的颜色。

现代主义建筑风格反映在开放式厨房里，这里的拉丝不锈钢表面令人想起20世纪中期的瑞典、丹麦制造的餐具以及飞机厨房。当几年前米盖拉翻修公寓时，她打开了厨房和客厅之间的墙壁，打造出一种轻松的感觉和连接两个区域的社交空间。

经典的感觉在这里十分明显。米盖拉解释说，她所做出的装饰选择是基于她自己的喜好，而不是时下的潮流。为了忠于她个人的风格，她特意地去避免阅读室内装饰杂志，并从她在世界各地的旅行经历，以及去过的酒店和餐馆中获得灵感。

她描述道，在她为厨房挑选材料时，黄铜和红铜都很流行，但她选择了不锈钢材料——不管现在流行什么，这都是她所喜欢的材料。这很好地阐释了她的理论，如果你以自身喜好为基础打造室内空间，你是不会对它感到厌倦的。

对页和上图

老式木柜的门后面是从全世界收集来的餐具宝藏。这些手工制作的瓷器和闪闪发亮的金属器皿为室内空间带来视觉亮点和历史感。

本页 在开放式生活区,阳光从闪亮的金属和半透明的玻璃表面上反射进房间。意大利MERIDIANI公司制作的华丽的翠绿色天鹅绒模块沙发与柔和的深绿色和紫红色形成鲜明对比。为了装饰公寓,米盖拉选择将现代的丹麦工艺与欧洲南部品牌相结合。前景中的铁条凳来自OVERGAARD & DYRMAN品牌,灯具中许多都是米盖拉和她的同事的设计作品。

对页 与现代风格的公寓的其他部分不同,走进卧室感觉就像来到了威尼斯宫。粉刷墙壁用的是一种较深的青苔绿色,各种面料与质感的混合形成对比。水洗亚麻床单,针织盖毯和有光泽的天鹅绒窗帘与床上方艺术品上的精致蕾丝花边巧妙搭配。艺术品是由摄影师兼视觉艺术家特里内·松德加德(TRINE SØNDERGAARD)创作。

客厅里的反射表面、不同寻常的灯具和光面天花板都加强了日光的效果,照亮了阁楼。米盖拉说她在选择照明装置上投入了很多时间和精力,一部分是因为装饰灯具在单色墙壁背景下会呈现一种戏剧性的效果,也因为良好的人造光在丹麦黑暗的冬季是必需的。

米盖拉的公寓闪烁着精致的光芒。这里的气氛既像豪华酒店,又像

艺术画廊。随处可见主人心爱的物件。来自世界各地的艺术品、现代家具和民族风物件都经过了米盖拉的精心挑选和整理。配色方案可能看起来十分大胆,但却是折中的个人珍宝的组合,使这个家显得那样与众不同。

上图 窗户左边的狭窄架子上是装饰物件、书籍和香味蜡烛。在香味蜡烛上放一个传统的玻璃展示盒不仅看起来很吸引人,而且还能保存香味,防止灰尘落入蜡烛。

左图 与客厅的装饰一样,米盖拉为卧室选择了暗色背景搭配显眼家具。华丽的黄色天鹅绒扶手椅放在房间的一角,与其他位置的金色元素相呼应,都在全天射入公寓的阳光下绚丽夺目。

不动声色

挪威最杰出的设计师和精品店主——詹尼克·卡拉克维和亚历山德罗·德拉齐奥的家,是一个不能称为典型北欧风格的室内空间。它给人的整体印象是深色的,折中的,近乎巴黎式的优雅,但空间仍然有一些东西是明显的北欧风格——宁静、有序、实用。最突出的是灰色的墙壁,给室内带来了诗意的宁静,也与他们在奥斯陆的公寓外的水域相呼应。

对页　厨房单元是丹麦的设计工作室FRAMA手工制作的,这个工作室与卡拉克维&德拉齐奥创意工作室经常合作。它是作为一个移动的厨房工作室而建造的,但与这个有高高的天花板和原始的灰泥顶冠饰条的华丽房间十分适合。

上左和上右　詹尼克收集日本陶器,这些是她最喜欢的几件藏品。厨房里的橱柜是用花旗松、石头和钢铁制作的,还有黑色的工作台面、水槽和水龙头。不规则的木砧板在简朴的线条中呈现出一丝个性。

这对夫妇从2003年开始一起生活和工作,他们的创意工作室卡拉克维&德拉齐奥凭借运用挪威品牌来设计项目在北欧和全球范围内闻名。工作室承接室内设计项目以及商业设计委托。这对夫妇在色彩的使用中采用试验的工作形式,由于与挪威涂料公司佐敦(JOTUN)以及该公司创意总监莉斯贝丝·拉森的密切合作,夫妻二人学到了关于颜色相互影响和互补作用的很多知识。

他们的这间公寓位于一个年代久远可追溯到1899年的建筑里。室内主要由三个比例优美的成行排列的房间组成,所有的建筑特色和装饰性造型仍然完整保留。

左图 主客厅俯瞰街道,使用挪威油漆品牌佐敦的蓝灰色涂料粉刷。卧室在一端,厨房在另一端,客厅在中间。詹尼克说,他们总是把门开着,来保持空间里能量的流动。

42页 公寓中的木地板用亚麻籽油处理,呈现浅浅的奶油色。门后面的墙上是钢制的埃菲尔灯,来自丹麦品牌FRAMA。

43页 黄铜折叠屏风似乎在暗色的背景前闪耀着光芒。椅子是哈利·伯托埃(HARRY BERTOIA)为KNOLL品牌设计的产品,灯是灯具设计大师野口勇(ISAMU NOGUCHI)创作的"AKARI星野"发光雕塑。透过打开的门可以直接看到走廊,那里的墙壁留白,让人想起公寓的历史。

本页 桌子周围是混合搭配的老式曲木椅子和康斯坦丁·格里克（KONSTANTIN GRCIC）为MAGIS公司设计的ONE B座椅。巧合的是，厨房的桌子与墙壁几乎是完全相同的颜色。这张桌子来自他们的精品店"KOLLEKTED BY"，但现在与新公寓和谐融洽。詹尼克说，不能把家规划得太密——要为快乐的意外留下一些空间，这很重要。

上左 詹尼克和亚历山德罗喜欢在旅途中收集陶瓷制品。他们都十分喜爱挪威和日本的工艺品。

上右 这对夫妇在设计工作中使用到很多的绿色植物,项目结束时,他们往往把没有用的植物带回家。他们的室内花园从一株植物开始,如今已经成了一个小小丛林。

墙上的壁画是夫妇二人的朋友,摄影师西格维·阿斯普隆德的作品,地上的植物艺术品是丹麦人雕塑家马丁·埃里克·安德森的作品。

对页 简约、时尚的沙发来自丹麦品牌GUBI,而软木和黑色大理石的辛特拉边桌则是FRAMA品牌的产品,是可以在这对夫妇的精品店购买。

为了划定厨房与公寓的另一部分中新装修的书房/办公空间以及浴室之间的界限,詹尼克和亚历山德罗为各个部分选择了截然不同的颜色。在新的浴室和家庭办公区,粗水泥地板与浅粉色墙壁组合在一起。纵排的房间里有可以俯瞰街道的大窗,木质地板被漂白成淡黄色,门、墙和柱顶过梁都粉刷成了庄严的灰蓝色。詹尼克说,烟蓝色打造出平静、连贯的氛围,把所有元素联系在一起,为精心挑选的家具充当背景。她说,如果用白色的墙壁,形成的对比可能过于鲜明,太引人注目。

詹尼克的建议是勇敢地享受色彩。因为墙在任何空间里都起着主导作用,在墙上使用彩色涂料会产生一种变革性的效果。用涂料打造这些变化十分经济,为了控制成本,你甚至可以自己粉刷。当涉及专业项目和自己的家时,詹尼克和亚历山德罗有自己坚持的设计理念——他们总是在每个房间里保留一面空白墙,而且喜欢减少而不是增加内容。这样做的结果是特殊的宝贝可以享受到特别的注意。在他们的工作过程中,詹尼克和亚历山德罗接触到了大量不同的家具和装饰产品,这使他们在为自己的家挑选物品时非常挑剔,东西进门之前都经过了仔细考虑。

左图 椅子是1970年维科·马吉斯特蒂（VICO MAGISTRETTI）为意大利品牌ARTEMIDE设计的"GAUDI"。光亮的草绿色流线造型与柔和的灰色墙壁相映成趣。每个房间里至少有一面墙是留白的，詹尼克说这是达到平衡感的好方法，还可以给你真正喜欢的东西留出空间。

对页 公寓的另一部分呈现出非常不同的感觉，更有现代的气氛。公寓改造之前，这间办公室是一个很小的厨房，但詹尼克和亚历山德罗决定把它移到更大的房间里。不同寻常的木制储物抽屉柜是FRAMA品牌生产的"SUTOA"。

那么，标准到底是什么呢？有些物件是从外国跳蚤市场买回来的，有一些是挪威工匠设计的，还有一些是从夫妻两人自己的精品店"KOLLEKTED BY"挑选的。2013年，两人在奥斯陆时髦的GRUNERLKKA区开了这家精品店。很明显，他们的店和家有很多相似之处。

这间公寓看起来经过了精心布置，深色的墙壁，绿叶植物，特色照明，珍藏的物件和充满对比的质感打造出一种平静而完整的感觉。但在现实中，室内空间似乎又没有经过太多考虑或计划。作为一对国际化的著名设计师夫妇，詹尼克和亚历山德罗对他们自己的家有一种不同寻常的放松态度。

他们说，公寓的装饰设计没有什么具体的概念、计划或者是灵感来源——他们的生活空间是一步一个脚印，自然进化而来的。

这对夫妇在21世纪初购买了这套公寓，许多年来，就在这里生活着。两年前，他们觉得是时候进行彻底的整修了。但即使行动起来，这对夫妇也不慌不忙，缓慢而稳定地推进着翻新工作，完成整个工程花费了大约一年的时间。其中一部分原因是丹麦工作室FRAMA的厨房交货时间太长。极简而现代的厨房橱柜用道格拉斯冷杉、石材和钢材制作，与公寓庄严的建筑风格和华丽的灰泥天花板造型形成意想不到的对比。

冷静和反差是詹尼克和亚历山德罗之间的关系特质，这也是他们家的空间特征。15年前，他们在一次生日聚会上相识，后来住到一起，义无反顾。亚历山德罗的意大利血统和詹尼克的挪威血统相互融合，形成了独特的意大利／北欧风格，既精致又实用，既阳刚又阴柔，兼收并蓄又简约时尚。也许正是因为二人没有用力过猛，他们的公寓是如此完美。

对页 床品的风格简约，因为夫妇二人都喜欢白色和浅灰色的素色亚麻布床单。铺盖的醒目编织毯子是年轻的荷兰纺织设计师梅·英格吉（MAE ENGELGEER）的作品。它为卧室带来色彩和舒适度。

右上 亚历山德罗在卧室里设计了一整面的储物墙，在中间留出一个小小的开口，现在装上了一摞书和一个挪威陶瓷艺术家莉莲·托伦（LILLIAN TØRLEN）设计的花瓶。夫妇二人在一次展览上发现了她的作品。

右下 FRAMA品牌的90°架子墙灯既可以作为床头灯，同时也可以作为方便的架子使用。它简单的工业造型在黄铜的光辉下显得尤其立体，与灰色的墙壁十分协调。

宝石的色彩

位于哥本哈根20世纪30年代的联排别墅的砖墙后面隐藏着一颗宝石。金匠兼珠宝设计师丽贝卡·诺金和她的家人住在这个装饰艺术风格的房子里,其背景为丹麦复古风格的精美玻璃收藏和丰富的宝石色墙壁。丽贝卡的珠宝设计技能和美学修养也在房屋设计的空间平衡上得到了体现,房子的灵魂像是在低语,这里的一切都是有故事的。丽贝卡的魔法之家如此独一无二。

上左 客厅墙上的手绘鹤是丽贝卡不愿从这里搬走的原因之一。它是德古纳用一种特殊的色彩设计在蓝灰的染色丝绸上绘制的。藤椅来自新西兰蒂斯维尔德的一家商店。搭配了阔叶无花果,这个区域感觉像一个奇异的花园。

上右 和家里的所有东西一样,这个表面有花纹的绿松石锅也是因为它的美观而被选中的。边桌下层的小碗是由丹麦设计师比约恩·韦恩博莱德(BJØRN WIINBLAD)设计的,20世纪中期他在世界范围内取得了巨大成功,并且近年他的作品再次流行起来。

本页 这幅引人注目的艺术品是由丽贝卡的朋友阿斯格·莫滕森（ASGER MORTENSEN）设计的，而20世纪30年代手推车上的白色玻璃碎片则是丽贝卡收藏的老式乳白玻璃的一部分。

本页和对页 厨房成功地融合了古典魅力和斯堪的纳维亚现代风格。黄金与红色宝石的搭配是珠宝设计中永恒的主题。在这里,色彩的组合被重新设计成厨房橱柜的形式,橱柜被漆成深宝石红色和巧妙的黄铜细节。窗户没有受到窗帘或百叶窗的影响,光线可以进入并衬托出灯具、黄铜细节和干净的现代线条的简单美感。

左图 丽贝卡和她的丈夫试图尽可能多地保留这栋房子的建筑细节。最初的楼梯和门仍然完好无损，而旧的松木地板被涂上了深色油漆，为房间打下了坚实的基础，也与宝石色的墙壁相得益彰。

52页和53页 狭窄的走廊通向一个房间，房间里装饰着来自施弗·格拉夫斯克德的丹麦艺术家塔拉·R（TAL R）和埃夫伦·泰金诺克泰（EVREN TEKINOKTAY）的版画艺术作品。幽暗的蓝色墙壁为独特的艺术品、玻璃雕塑和黄铜装饰提供了完美的背景。

有时候，只有进入一个色彩斑斓的室内空间，你才会意识到，在一个白色为主的极简主义空间里，你是多么怀念令人喜悦、充满活力的彩色。色彩和图案增添个性，激发正能量，激发创造力。这正是当你走进丹麦珠宝设计师丽贝卡·诺特金的家中时所见到的一切。这里的每一个花瓶，每一幅画，每一个烛台都讲述着一个特殊的故事，房子里充满了童年时的梦幻气息。

丽贝卡的联排别墅建于20世纪30年代，坐落在丹麦首都的腓特烈斯贝里区。这栋房屋是索基尔德·亨宁森设计的历史露台的一部分。索基尔德·亨宁森（THORKILD HENNINGSEN）是一位著名的丹麦建筑师，他活跃于20世纪初从新古典主义到功能主义的过渡时期。高贵的砖墙外观隐藏着一个保存完好的家园，具有许多原始的特征，氛围也很独特。

这所房子最初是为一位艺术家建造的，楼上巨大的工作室窗户透露出这一点。而且，历史重演，差不多100年之后，金匠和珠宝设计师丽贝卡·诺特金和她的家人住在这里。丽贝卡相信家里有一种特殊的气氛，她和她的丈夫都通过小心翼翼地翻新和尽可能多地保留建筑特征来使之延续。

左页和右页

客厅里昏暗的蓝色墙壁为家具、艺术品和装饰细节提供了柔和的背景。沙发上方挂着一幅阿斯特丽德·克鲁斯的诗作,名为《风景之中》。"西班牙椅子"是丹麦设计中的经典,最初是由博日·莫森(BØRGE MOGENSEN)于1958年设计的,比约恩·韦恩博莱德(BJØRN WIINBLAD)用鸟装饰的圆形桌子可以追溯到20世纪60年代,是一件珍贵的物品。丽贝卡在汉堡度假时发现了这张桌子,她在回家的路上绕道买下了这张桌子。

楼梯和门都是原来的,而旧松木地板被涂上了深褐色的油,作为房间的底色,突出彩色的墙壁。

这所房子是丽贝卡灵感的源泉。砖立面或建筑特征上的装饰性细节可以为一件新的珠宝提供灵感,同时这里的色彩组合也来自她的设计。例如,在厨房里,一堵漆成金色的墙上有闪闪发光的黄铜固定装置和光滑的深宝石红色橱柜相结合。

1997年,丽贝卡在哥本哈根开了她的第一家精品店和工作室。她对手艺,尤其是金属加工的热情,是从她父亲那里继承来的,她的父亲是一个金匠,而她的祖父是一名牙科技师。丽贝卡继承了他们的衣钵。如今,她有两家引人入胜的精品店,一家开在哥本哈根时尚的布莱盖德,另一家在汉堡,她在那里出售自己的抢手作品——这些作品都是以历史、神话和幻想为灵感独立设计的。

可以把丽贝卡的设计和她家里的装饰做比较。两者都深受装饰艺术时代的影响,体现出以混合图案、材料、纹理和颜色的方式所表达出的兼收并蓄的柔美。

宝石的色彩 57

左图及上图　丽贝卡为卧室的墙壁选择了戏剧性的洋红色。房间的宽敞和从天窗涌入的日光平衡了大部分的阴影。简约的家具营造出宁静舒适的氛围，床是亮点。精致的花卉图案，香水的柔美静物写生和清新的粉红色墙壁为房间营造出浪漫而又前卫的氛围。

　　清澈的蓝色、浓郁的红色和灰绿色是她优雅的静物生活的完美背景。大多数对象被选择是因为它们的美观，而不是其功能性。丽贝卡解释说，她被艺术装饰（ART DECO）运动所吸引是因为它的颓废主义和乐观精神。这也是许多女性艺术家第一次获得认可，并能够形成自己的表达风格的时期。

　　从丽贝卡记事起，她自己的创作风格就一直很明显。她是那种在卧室里独自度过很多时光的孩子，她用墙纸装饰她娃娃屋的墙壁，或者创作出关于其他世界的故事。在她的成年生活中，她努力保持着这种想象的精神，同时也保持着一种内敛的优雅感。

　　她的房子距离工作和学校只有很短的车程，但优越的地理位置并不是丽贝卡不想搬走的唯一原因。客厅的一面墙上装饰着精美的手绘丝绸壁纸，上面画着一群仙鹤。她说，"放弃它们会是很糟糕的一件事儿。"

　　在丽贝卡的房子里走动时，你可能会在衣柜后面偶然发现一个像纳尼亚一般的另类宇宙，或者在窗台上发现小胡桃摇篮。房子里满是在拍卖和跳蚤市场上发现的奇异的宝贝。丽贝卡说，她的孩子邀请来做客的小朋友都说这房子很特别。事实上，即使你不是孩子，也能发现它的诱人之处——这个优雅的仙境让每个人都再次相信童话故事。

本页 丽贝卡被自然主义的图案、形状和颜色所吸引。她的家里到处都是植物和鲜花,尤其是卧室,床单和被单上有柔和的花卉、绿叶和摇曳的棕榈树图案。

现代经典

哥本哈根重建的布里格岛外观庄严经典，在其后身隐藏着一颗宝石，那就是室内设计师安德斯·克拉考的帅气公寓。这个精致空间拥有黄金比例，独特的时代特色与时尚的现代家具相结合。当谈到选择一个配色方案时，安德斯从北欧的秋天中汲取灵感，选择了温暖、深色调的微妙色彩搭配。尽管装饰的色调比较暗淡，但是他的公寓仍然给人明亮宽敞的感觉。

与许多其他的城市一样，哥本哈根的老工业区在短短几十年内，从一个不受欢迎、破旧的地方被改造成一个时尚且广受欢迎的地区。19世纪80年代，通过土地复垦计划打造了布里格岛的海滨区。它的名字大致翻译为冰岛码头，当时是丹麦人的殖民地。从这里，船只驶往和离开冰岛。20世纪上半叶，布里格岛工业化程度很高，但在20世纪下半叶，这里的产业开始衰落，该地区也因此逐渐荒废。

对页 当安德斯搬进公寓时，厨房像是防腐剂一样颜色的白色空间。为了增加其个性，并与公寓的其他部分风格一致，安德斯将橱柜涂成了黑绿色，将门把手换成了他自己设计的抛光黄铜把手。

上左 为了整个公寓能够和谐统一，安德斯选择了暗沉神秘的色系，从而拥有相同的色调。

上中 黄铜桌面上是一组陶瓷碗和一个来自印度尼西亚的老式木碗。

上右 客厅的灰褐色亚麻沙发来自法国品牌LA FIBULE，与温暖的灰色墙壁完美搭配。

然而，在过去的20年里，该地区经历了大规模的重建计划，现在已成为该市最时尚、最受欢迎的社区之一。群岛布里格是古老建筑和新开发项目的混合物，许多原始建筑现在已经被改造成广受欢迎的住宅单元。几年前，设计师安德斯·克拉考搬进了这间公寓，该公寓位于一栋可追溯至1920年的北欧古典主义建筑中。

安德斯知道他想要给他的新家打造成暗色系，为了寻找一组能很好地组合在一起的暗色调，他研究了基于在自然界中看到的颜色方案。斯堪的纳维亚人对周围的自然世界有着深厚的热爱和归属感，挪威语FRILUFTSLIV就是一个很好的例子。秋天是安德斯最喜欢的季节，秋天有落叶，白天更短，早晨雾更大，所以他决定把秋天作为装饰公寓的灵感。他选择英国涂料品牌卓梵尼（ZOFFANY）的白垩色的暗光涂料作为饰面，搭配丰富、柔和的灰褐色和最暗的森林绿色。

上图 在厨房，台面上的碗、盘子和杯子都来自安德斯在哥本哈根艺术区自己设计的品牌。陶瓷是由天然的棕色黏土手工铸造而成，其黑色光泽是在一定温度下烟熏而成。

对页 圆形的餐桌通常会产生欢乐的对话。这是安德斯自己设计的，由混凝土和铁制成。吊灯是由加洛蒂&雷迪斯制作的，由抛光黄铜和吹制玻璃螺栓制成。安德斯优雅的餐椅用华丽的天鹅绒面料装饰，和公寓里的许多其他家具一样，也来自他共同拥有的韦尔特街精品时装店。

为了防止室内变得过于黑暗和阴郁,安德斯小心翼翼地确保有足够的对比来活跃空间。木制品、榍梁和天花板全部漆成明亮、明快的白色,让比例良好的房间更加清晰明亮。安德斯采用了玻璃和钝化金属等反光表面在房间里反射自然光,而深色抛光的木制古董家具则为房间增添了丰富而微妙的光彩。白色的细节使房间显得更加完美,在黑暗的墙壁衬托下显得格外突出,而浅色的橡木地板则涂上了棕色的蜡油,营造出一种深色、亚光的效果,看上去就像是多年来形成的。

安德斯与米盖拉·耶森(见第30~37页她的家)共同开设了著名的哥本哈根概念店 RUE VERTE,他们每年都会去巴黎、米兰和伦敦的大型设计展览会采购新产品。从店里可以看出,与传统的斯堪的纳维亚风格不同,安德斯的材质自然,线条简洁,造型独具特色,更显奢华,有天鹅绒窗帘、室内装潢和抛光的深色木家具——这种风格在法国和意大利更为常见。然而,公寓的海滨位置也在装饰中被提及——工业奢华的材料,包括亚麻、皮革和未经打磨的铁,都呈现出与平静、经典氛围形成鲜明对比的外观。

对页 在沙发上方挂着的照片是安德斯的朋友约瑟芬·阿尔韦特在哥木哈根市中心的康根斯公园拍摄的。英国品牌 OCHRE的"月蚀"枝形吊灯是用暗角做成的,是安德斯最喜欢的作品之一。

下左 优雅的黑木藤椅是安德斯女友祖父母传下来的传家宝。在这个宁静的阅读角落里,一堆大型画册书可以做边桌使用。

下右 宽敞的饮料推车或酒吧吧台让人回想起更优雅的时光,并可以在餐前享用饮品。安德斯的家庭酒吧也是一个美丽的装饰,有水晶酒瓶、切割玻璃杯和老式鸡尾酒摇壶。

公寓里的许多漂亮物件都是安德斯在旅途中找到的，但他经常发现某些特定物品或物体很难找到。那么他的解决方案是什么？当然是自己设计了。2015年，安德斯和特雷瑟·托尔热森一起成立了丹麦公司哥本哈根店，这家公司生产经典、高质量、定制的家具，他们的设计作品遍布整个公寓。

良好的工艺是艺术区概念店的核心，材料的选择非常精心且注意细节。陶瓷碗和盘子都是用天然的棕色黏土手工制作的，在烧木头的窑炉中烧制而成，在高温下熏制，形成浓重的光泽。桌子是用锈蚀的铁和手工制作的皮革制成的，而安德斯厨房橱柜上的把手则是用打磨过的黄铜特制而成，慢慢地就会形成一种丰富的铜绿。所有的设计都考虑到了寿命，而艺术作品也只会随着时间的流逝而变得更加美丽。

对页 公寓坐落在一栋20世纪20年代建造的北欧古典主义风格建筑内。自然光透过大大的窗户，涌入房间内部，突显出建筑的优雅特色。安德斯为所有的天花板和木制品涂上了干净、清爽的白色，为墙壁蒙上了一层神秘的色调。当日光逐渐消失时，"月蚀"枝形吊灯投射出丰富柔和的光线，为房间提供迷人的焦点。

右上及右下

公寓里的每个房间粉刷的都是从英国卓梵尼品牌精心挑选的涂料。卓梵尼以其丰富的色彩而闻名。家具很少，但每一件背后都有一个自己的故事。在一张古老的中国桌子旁边，放着安德斯从祖父那里继承下来的一把皮椅（右上图），而在这个天鹅绒覆盖的软椅旁边，是安德斯在哥本哈根店的圆形侧桌（右下图）。

左图 卧室里最显耀的位置放着一张木制梳妆台。它是从安德斯女友的祖父母那里继承下来的，上面装饰着一盏铜灯、首饰展架和一根香味蜡烛，为房间增添了迷人的色彩。在这个房间里，安德斯保留了原来的护墙板/椅子扶手，并把它下面的墙壁漆成白色，与黑暗的地板形成对比。

对页 安德斯设计了一个定制的储物柜，用来存放卧室里的衣服和配饰。这些门都有斜面嵌板，使得这些橱柜具有与公寓其他部分的建筑特色相同的传统特征。床上铺着柔软的亚麻织品，是深棕色和深蓝的宁静色调。来自利斯塔特米兰诺的黄铜壁灯提供了可供阅读的光线。

在安德斯的卧室里，他设计了一个实用的定制衣柜或壁橱，围绕着床，并提供充足的储藏空间。这些家具被特别设计成与公寓的建筑特征相匹配，门上的斜面板赋予这套公寓传统的特色，与房间原有的护墙板/椅子栏杆和窗框相结合。橱柜被漆成和房间其他部分一样柔软低沉的卡其色，所以它看起来就像是融入了墙壁之中。

在过去的一百年里，布里格群岛已经从一个工人阶层居住的地方变成了一个时尚的住宅区。充满想象力的重新开发为这一地区带来了新的生活和新的居民，而最近建立的商店、餐馆、海港公园、露天游泳池以及位于水边的各种建筑，使这一地区成为一个富有吸引力的居住场所。

浓烈强调色

让色彩活起来

出于对色彩的热爱,设计师丹尼尔·赫克尔在工作中磨炼出对于色度和色调的特有感觉,以及不断尝试的探索精神,难怪在他的公寓里没有白色。20世纪80年代建筑的杏色立面,加上女儿对粉红色的喜爱,影响了他对墙壁颜色的选择,而地板上互补的蓝色则是对这家人在斯德哥尔摩群岛的旧房的参考。这是一个突破限制,用活力色彩营造纯粹的感观享受的家。

上左 人字形大厅地板是公寓中唯一的白色细节。图案是由狭长的矩形瓷砖组成,并与墙壁上的以对角线形式排列的粉红色瓷砖相遇。瓷砖之间的彩色灌浆是一个细节,可以产生对比度并提供有趣的视觉效果。

上右 厨房中出现相同类型的标准方形瓷砖,但呈浅绿色调。丹尼尔买下这套公寓时,打通了厨房和客厅之间的部分墙壁。这个开口创造了一个通风的空间,大理石顶的吧台是一家人早上最喜欢吃早餐的地方。

本页 从公寓的阳台上可以看到，橙红色的墙壁与这个街区淡粉色的外墙很协调。覆盖在墙壁底部的模子被漆成和地板一样的蓝色，为了营造一种无缝的效果，天花板选择了浅灰蓝色的色调。

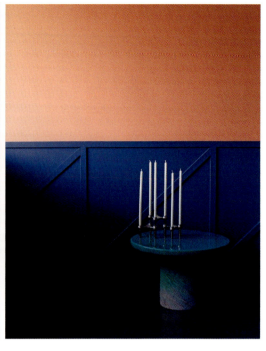

本页 虽然这里的色彩方案可能不是传统意义上的北欧风格，但令人愉悦的美学与正在全球兴起的北欧新设计是一致的。沙发由丹麦品牌海伊（HAY）设计，碗桌由挪威设计师德列亚斯·恩格西克为瑞典品牌福吉亚（FOGIA）设计，而BAKLAVA落地灯则由克拉森·科伊维斯托·卢恩（CLAESSON KOIVISTO RUNE）设计。

上左 带有斜条纹的现代主义造型为客厅的墙壁增添了个性。在走廊地板上的人字形瓷砖中对角线图案重复出现。丹尼尔买下这套公寓时，基本上是一个白色的盒子——这是设计师尝试新创意的理想机会。

上右 家里堆满了对丹尼尔来说有特殊意义的物品。尼克·罗斯设计的绿色大理石小桌子是在ORNSBERGSAUKTIONEN拍卖会上发现的。该拍卖由瑞典和国际设计师每年举办一次，地点就在斯德哥尔摩郊外。

从斯德哥尔摩市中心驱车30分钟，就能到达其中一个海岛，这里有一座可以追溯到1988年的公寓楼。这栋建筑本身就有着柔和的杏黄色外墙，在附近的松树林中显得格外突出，虽然是20世纪80年代的典型建筑，但内部却充满了大大的惊喜。

这是室内设计师丹尼尔·赫克尔和他的两个孩子奥蒂斯和英迪亚的家。在这个空间，丰富、饱和的色彩乍看起来似乎很大胆，但当你了解到丹尼尔是瑞典NOTE设计工作室的一员时，这里的大胆色调就显得不足为奇了，NOTE工作室因具有大胆色彩的项目而在全球享有盛誉。

丹尼尔称自己被设计所吸引，设计会影响人们引发某种情感反应，或给人留下持久的印象。也许很难准确地指出这种印象是什么，或者很难马上感觉到，但是当你离开的时候，你会感受到一些东西。对他来说，这套紧凑的公寓提供了一个有趣的实验方式。

客厅里暖暖的橙红色的色调参照了公寓的外观（从客厅和厨房都可以看到），丹尼尔的女儿英迪亚也选择了这种颜色。他问两个孩子在新家想要什么颜色，英迪亚选择了粉色，儿子奥蒂斯想要金色和黑色。为了避免出现太多的不协调，丹尼尔选择了柔和舒缓的粉红色调，并给他的儿子换了一顶他新自行车头盔作为补偿。头盔的颜色正是儿子最喜欢的。

丹尼尔装修公寓时，孩子们是他最关心的问题。厨房的瓷砖、饱和的蓝色地板和墙饰让人回想起丹尼尔离婚前的家。他解释说，使用孩子们已经熟悉的配色方案是正确的。居住区的颜色为公寓的其余部分定了基调；深蓝绿色和粉状粉红色混合，明亮的黄色配饰和俏皮的图案和纹理混合。走廊上的陶瓷人字形瓷砖是室内唯一的白色。

丹尼尔在国外接受过部分教育。尽管有经济学背景，他还是被一个更具创造性的专业所吸引，当他开始学习室内和空间设计时，他已经近30岁，首先是在米兰，然后是斯德哥尔摩的工艺美术学院（工艺、美术与设计大学）学习。尽管他的职业生涯转变相对较晚，但强烈的色彩和形式总是让他着迷，而他对色彩的热爱因为在国外度过的时光而变得更为浓厚。

丹尼尔的理论是，许多人选择白色或中性内饰，因为他们对选择"正确"颜色感到紧张，并且害怕犯错误。但是，生命并非无色。即使在瑞典最阴暗的冬日，窗外也可以看到千种不同的色调。他指出，很少有人会选择白色或灰色作为他们喜欢的颜色，因此很多人选择以这种方式装饰我们的房屋是很奇怪的。

对于任何习惯了斯堪的纳维亚风格的内景或单色内景和纯白墙壁的人来说，这个家引人注目的色彩选择似乎不是传统的北欧风格。

对页 丹尼尔强调说，他家使用的许多材料一点都不贵，但它们是精心挑选的。厨房里的彩瓦和灌浆让一切变得不同，而老字号的灯和卡佩里尼的凳子则构成了鲜明的色彩对比。

上图 上方油画是由丹尼尔的祖父创作的，他一生都在银行工作，也是一位才华横溢的艺术家。这面墙后面的墙上挂着一幅玛丽·海伦·沃尔伯格的版画，她是康斯坦法克丹尼尔的同学。光滑的椅子来自穆托，烛台来自诺曼哥本哈根和伊蒂塔拉。

让色彩活起来 77

在设计和装修方面，这间公寓属于斯堪的纳维亚风格。因为它既整洁实用，又不失温暖热情。泥泞的山地自行车和鞋子留下痕迹之后，瓷砖地板可以很快很容易地被擦洗。丹尼尔也非常注意照明，因为当外面很黑的时候，他们一家人大部分时间都待在公寓里，所以照明必须良好。北欧家庭需要有效的照明，以适应漫长的冬季，而夏季往往是在户外度过的。

尽管家里人都很爱他们的家，在这里也很开心，但丹尼尔承认，他的内心仍有一部分渴望参与一个令人激动的新项目。但由于他想留在同一个地区，这就有点麻烦了。此外，公寓很难引入任何新的色彩，因为一切都是如此和谐匹配。有一点是肯定的，目前的配色是完美的——没有人不为之动容。

上图　丹尼尔在床后的墙壁上安装了一个斜条框架，以营造出一种装饰性的镶板效果，而不是传统的床头板。卧室以及邻近的儿童房间和大厅反复使用了宁静的蓝绿色色调。由于这些空间的自然光较少，丹尼尔在那里使用了稍微浅一点的颜料，巧妙的灯光设计使得颜色差别几乎无法察觉。经验法则是，你离光源越近，你在黑暗中行走得越远。

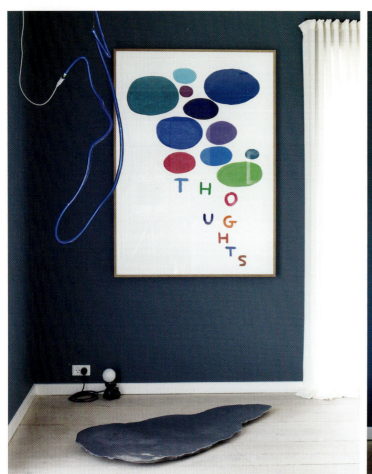 

第二次

在宁静的哥本哈根郊区根托夫特,有一幢宽敞而宁静的别墅,这是丹麦艺术收藏家和画廊老板萨拉·莱斯加德的家。她最近重新装修了房子,采用了大胆的颜色和图案,而放弃了曾经流行的白色和北欧简约装饰风格。几年前的分手见证了她个人和设计风格上的转折点,也给了萨拉发展自己愿景的机会。结果是,这个迷人而有趣的室内空间充满艺术气息和色彩,给了她能量和灵感。

上左 萨拉·莱斯加德在艺术的包围下长大——这种艺术氛围一直延续到她成年后。在她起居室的一个角落里,挂着一幅英国艺术家大卫·施莱利(DAVID SHRIGLEY)的作品,旁边是罗西·李(ROSIE LI)的小泡泡灯,一幅艺术团体阿卡森(AKASSEN)在地板上的水坑雕塑和一幅冈·戈迪略(GUN GORDILLO)的趣味霓虹灯作品。

上右 为了给自己的家寻找合适的配色、地毯和纺织品,萨拉找到了哥本哈根著名的TAPET—CAFé设计品牌公司老板詹妮克·马滕森-拉森。他们俩只用了30分钟就做出了决定。萨拉选择了高档涂料制造商FARROW&BALL公司生产的涂料,客厅里的灰蓝色涂料是INCHYRA BLUE品牌。

81页 整个房子的地板都用白色硬蜡处理，以获得一种轻质、半亚光的效果。这和汉斯·J·韦格纳（HANS J WEGNER）设计的灰色叉骨椅或Y形椅完美匹配。Y形椅围绕着由另一位丹麦著名设计师保罗·克耶霍尔姆（POUL KJ RHOLM）设计的大理石桌面餐桌。桌子上方悬挂的黄铜几何图案吊灯由美国华裔设计师罗茜·李（ROSIE LI）设计，其灵感来自于20世纪60年代的意大利照明。红色盒子是由恰巧在地板上、桌子后看到的回收材料制成的，出自布鲁克林艺术家格雷厄姆·柯林斯（GRAHAM COLLINS）之手。

根托夫特曾经是哥本哈根富有阶层的避暑胜地，现在它是绿树成荫、环境宜人的郊区，距离市中心只有10分钟的车程。萨拉住的房子原本是一个容纳大家庭的大房子，里面有花园和马厩，但现在已经改造成了独立的单元，里面住着六个家庭。她的这部分房子有两层，配有独立的漂亮花园。

萨拉和她的男朋友在七年前搬了进来。他们新装修的房子有着干净的白色外壳，白色墙壁，白色窗帘，漂白的木地板。简约而时尚的北欧风格，在当时非常适合这对情侣。但是时代变了，当萨拉的恋爱关系结束时，她决定要继续住在这里，但希望有一个新的开始，打造一个适合她新生活的新家。

萨拉把所有的家具、艺术品和其他物品都存放起来，留下一张空白画布。意识到自己对大胆的色彩有了新的兴趣，她求助于她的一位朋友詹妮克·马滕森-拉森，他正是著名的丹麦TAPET-CAFé品牌设计公司老板，这家公司成立于1974年，位于根托夫特附近的一栋老房子里。萨拉要求詹妮克帮她实现她的梦想：一个充满大胆色彩和丰富图案纺织品的房子，永不

上图和对页 萨拉凭直觉选择艺术作品，在选择家具时，她也有同样的理念。在客厅里，来自丹麦埃雷尔森公司的黄色天鹅绒躺椅搭配上英国设计师麦克林·布莱恩（MCCOLLIN BRYAN）设计的绿色和蓝色镜片钻石桌。摩洛哥地毯是老式的，来自哥本哈根商店。埃尔姆格林和德拉塞特（ELMGREEN&DRAGSET）设计的艺术品阿多尼斯神雕塑将日光反射到了亨利·克罗卡西斯（HENRY KROKATSIS）设计的镜子上。

84页 客厅拥有一个温暖舒适的家的所有元素：植物，纺织品，灯光和缤纷的颜色。TAPET-CAFé品牌的靠垫和汤姆汉弗莱斯的艺术作品柔和了古比沙发的优雅线条。

85页 法式双开门用简单的白色窗帘遮住。这幅作品由大卫·克里格利创作，印花地毯是由丹麦著名纺织品设计师海伦·布兰奇和詹尼尼克的妻子海伦·布兰奇（HELENE BLANCHE）设计的。

82 浓烈强调色

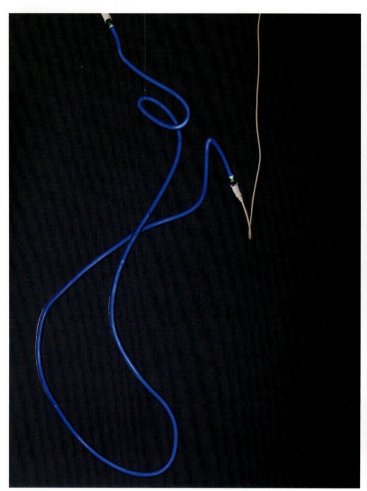

上左 雕塑般的蓝色霓虹灯是瑞典—丹麦艺术家冈·戈迪略（GUN GORDILLO）设计的。25年来，她一直在研究灯光设计，并在她的工作室里亲自设计这些作品。她在斯堪的那维亚艺术界很有名，现在也在国际舞台上很受欢迎。

上右 来自洛杉矶的陶瓷艺术家彼得·夏尔（PETER SHIRE）的溅满颜料的咖啡杯，反映了萨拉家中过去几年的变化——从纯白到充满活力的色彩。

对页 一段木制楼梯通向楼上。墙都是采用FARROW &BALL品牌的浅蓝色涂料，在楼梯井挂着一个由哥伦比亚艺术家达里奥埃斯科巴（DARIO ESCOBAR）设计的足球装置摆件。墙上的这两幅画是纽约艺术家兰登·梅茨（LANDON METZ）的作品。这个永不过时的厨房拥有光滑的白色橱柜，大约七年前萨拉搬进来的时候，厨房的前主人刚刚安装好。

过时。在詹妮克的鼓励和合作下，萨拉实现了她对多彩家园的愿景。

最终的结果令人惊叹。蓝绿色、薄荷绿、淡粉红色、草绿色、柑橘黄色的配色与引人注目的艺术品，带有图案的地毯和不拘一格的家具相结合。萨拉并不怀念她的纯白内饰，她说，虽然这在当时很适合她，但回想起来，它是平淡无奇的，没有足够的个性。在过去的几年里，她对色彩的态度发生了彻底的改变，萨拉现在把自己描述成一个颜色控，在服装、家具和艺术方面，她自然而然地选择了丰富、充满活力的色调。她解释说，她对家装设计的转变让她能够忠于自己和自己的品位。

萨拉在一个充满艺术氛围的家庭中长大。在她18岁的时候，她要求父亲从她的童年储蓄账户里取出所有的钱，这样她就可以买她的第一件艺术品。如今，除了是一名艺术品收藏家，萨拉还是一家控股公司的所有者，该

对页和下图 萨拉的卧室是用FARROW & BALL品牌的粉色涂料粉刷，此款产品呈现柔和宁静的粉色。这幅巨大的艺术品是迈克尔·贝维尔夸拉（MICHAEL BEVILACQUA）的作品，这盏里瑟灯是一件古董，地板上的摩洛哥地毯也是如此。悬挂在矮凳上方的粉红色艺术品出自于丹麦艺术家特罗尔斯·桑德加尔德（TROELS SANDEGAARD）（下图），而地板上的两件作品是莫特恩伦德·耶尔根森（MORTEN ERNLUND JØRGENSEN）创作的。

右图 萨拉把她的卧室描述成一个美丽、柔软的泡泡。墙壁以前是白色的，而且由于高高的天花板和大大的窗户，萨拉说房间几乎过于明亮了。床头旁的眼睛艺术品是斯文·达尔斯加德（SVEN DALSGAARD）的作品。

公司进行各种投资。最近，她还成了马略卡岛一家画廊的合伙人。作为工作的一部分，萨拉会参观世界各地的艺术博览会，也经常到威尼斯、纽约和巴黎等城市。她说，她很荣幸能够定期参观这些世界上最美丽的城市。然而，尽管环球旅行去过许多迷人的度假胜地，萨拉表示她最喜欢的还是飞机在哥本哈根机场降落的感觉。在旅行中，她忙碌而活跃，所以对她来说，家是一个休养、休息和充电的地方。

萨拉的艺术收藏是兼收并蓄的，内容包括油画、摄影、白描、雕塑等。每一件作品背后都有一个故事，都是经过思考、爱与关怀的选择。在购买艺术品的时候，萨拉会寻找让她有直接共鸣，并以某种方式与她交流的作品。过去人们认为白色的墙壁是当代艺术品的最佳背景，但近年来，它们开始显得有些过时，大多数画廊都采用了更为柔和的色调。萨拉家中浓烈的深色墙壁完美地展示了她的收藏品。

本页 楼上是一个家庭办公室兼客房。倾斜的天花板被漆成FARROW & BALL品牌的灰蓝色,墙壁采用与之形成对比的黄绿色,给人一种清新、有趣的感觉。桌子上雅致的小台灯是迈克尔·阿纳斯塔西斯设计的,墙上挂着几位不同艺术家的五彩缤纷的艺术作品。

对页 梅里蒂亚尼的白色沙发可以兼做过夜客人的床。绿色的墙壁衬托出法国艺术家菲利浦·帕雷诺(PHILIPPE PARRENO)充满活力的橙色艺术品,这幅作品挂在沙发后面,克莱尔·伍兹(CLARE WOODS)的一幅大型抽象画以温暖的橙色和棕色为主色调。地毯是理查德·科尔曼(RICHARD COLMAN)为丹麦品牌HAY制作的产品。

尽管萨拉宣称无论是配色还是家具都不是刻意选来配合艺术品的。朋友和熟人有时会征求她的意见,探讨如何购买艺术品来搭配装饰设计,萨拉坚持认为应该选择艺术,因为它会激发情感联系,而不是纯粹为了迎合室内装饰者的心情。

当萨拉谈到她的家时,她把它比作生活: 总是在变化,不断地发展。最初的装饰——白色、清凉和简约——已经发展成色彩斑斓、自信和大胆的存在。在很长一段时间里,萨拉第一次感到她的周围环境与她的个性完全合拍。

本页 伊莎贝尔的公寓位于斯德哥尔摩市波希米亚的索沃区。这家人以前的家就在附近,他们只搬了几个街区就到了新家。这套公寓是一套复式公寓,孩子们在楼下有自己的空间,而生活空间在顶层。

梦想的颜色

在斯德哥尔摩市中心,室内设计师、博客作者和电视名人伊莎贝尔·麦卡利斯特打造了一个充满乐趣、独特设计和大胆色彩的家庭住宅。这是一个温暖、欢乐的空间,里面陈列着跳蚤市场上淘来的物品、奇特的古董和改装过的物品,轻松的氛围表明居住者对待自己没有太过严肃。环保意识,不受限制的创造力和对色彩和图案的热爱都在伊莎贝尔舒适的阁楼公寓里留下了印记。

上左 来自北欧的国宝级设计团队克拉森·科伊维斯托·卢恩设计的混凝土瓷砖覆盖在炉架/炉台后面的墙壁上。翠绿色与灰泥粉色的墙壁和花岗岩台面十分协调,图形的细节和不对称的设计构成了一个大胆的设计宣言。

上右 伊莎贝尔选择了芬兰PUUSTELLI MIINUS公司的环保厨房。其材料和制造工艺是无毒的,所有零件都可以重复使用或回收。因此,它的碳痕迹比普通厨房低约50%。厨房柜台特别深,可以提供额外的操作空间。

本页 伊莎贝尔喜欢缤纷的色彩,但她说找到合适的颜色组合有时难度不小。墙砖后面的墙原本是薄荷绿的,厨房的橱柜是棕蓝色。她认为目前的方案灰白色的墙壁和深绿色的橱柜更适合这个空间。前景中的长椅是一件印度古董,叶子墙灯在比利时找到的,挂在墙上的菠萝壁灯来自柏林的一个市场。

对页 墙壁的粉色和伊莎贝尔的婚纱很相配,部分被一幅油画遮住了。在伊莎贝尔看来,饱和的柔和色彩比白色更适合作为房间的底色——它们提升温暖度和巧妙感,却不会让人感觉脏或单调。只要把白色的涂料和几滴颜料混在一起,就会形成更有趣的墙壁。

下左和下右 公寓里到处都是独特的物件和古怪奇特的细节。宜家公司的老式OGLAN咖啡椅和泡泡糖粉色桌子(见对页)都出现在伊莎贝尔完成的一个项目中,那里允许孩子们给待售的公寓里刷涂料。仔细看看这些椅子,就会发现椅子上洒满了美丽的樱桃色和橙色颜料。

一走进伊莎贝尔·麦卡利斯特的公寓,就可以感受到她对颜色的喜爱。以伊莎贝尔的标准来看,一间灰白色的客厅、一间森林绿色的卧室和一间铺着薄荷绿瓷砖的浴室组合在一起并不奇怪。她是一位著名的色彩倡导者,经常在电视上露面,在杂志上发表文章,在她的博客上鼓励她的瑞典同胞们拥抱色彩和创造力。绘画和色彩让伊莎贝尔很开心,她认为仅仅用白色来设计一个舒适、美丽的家是很难的——在她看来,单色的室内空间可能很上镜,但住在里面并不舒服。伊莎贝尔的理论是,我们在社交媒体看到的极简白色房屋就像流行歌曲,我们在收音机里听到它们,最终我们都开始能够跟着唱了,但这是因为我们喜欢这首歌?还是因为我们已经听过很多次,曲调已经深深扎根在我们的大脑呢?她指出,根据古代的装饰原则,使用白色仅是为了使空间显得更明亮,但我们已经不再生活于17世纪了——只要轻轻按一下开关,就可以使用有效的照明。

伊莎贝尔的美学彰显了一种非完美的愉悦感。她大胆的品位和独道的见解是在童年时期建立的,因为她的父母都致力于色彩和设计。她的母亲来自比利时,伊莎贝尔十几岁时全家搬到了那里。她学习了佛兰德语,并在艺术学校开始学习,但后来选择了退学,转而开始了灯具和家居设计。她的父亲是废品经销商和废品回收商,现在仍然在许多项目上帮助她,无论遇到什么问题,他总有解决办法。

伊莎贝尔的公寓分为两层，公共区域占据了阁楼空间。开放式的客厅兼厨房有倾斜的天花板、木梁和一个巨大的占据了大部分墙体的壁炉。这在他们第一次入住时带来了一些挑战。首先，伊莎贝尔把厨房的橱柜刷成了海蓝色，把厨房的墙壁刷成了薄荷绿，但过了一段时间，经过重新考虑，她又把墙壁刷成了柔和的粉红色，而橱柜刷成了深灰棕色。她说，她经常用粉彩颜料——中性的、柔和的、经典的，并与许多其他颜色和谐地结合在一起。

工程之初，伊莎贝尔并没有宏伟的计划或愿景。相反，她喜欢先开工，然后随着心情走。她的家是一个让她可以尝试新事物的地方——当灵感袭来时，她就从储藏室里挖出一罐旧涂料，她的丈夫当晚回到家可能发现家具或墙壁已经变了色。例如，伊莎贝尔最近将卧室重新粉刷成柔和豪华的深绿色。她没有改变房间里的其他任何东西，但她和她的丈夫都注意到，现在他们更喜欢在这个房间里看书或休息。

对页 紧挨着画廊的墙上有一个工作台，在这家人位于瑞典达拉纳省的乡间别墅里，曾经被当做作木工活时使用的工作台。粉红色的扶手椅是很多年前由伊莎贝尔的母亲在巴黎购买的，并由伊莎贝尔的父亲重新做了椅面。伊莎贝尔的父母都是富有创造力的人，他们一生都在从事与色彩和设计相关的工作。

上图 一串灯光以有趣的形式勾勒出屋顶的斜坡。装了轮子的旧储物抽屉柜，看上去好像以前在医院或牙科诊所服务过。伊莎贝尔是在跳蚤市场发现它的。

梦想的颜色 99

对页和102页 这间卧室在最近全家去米兰度假后被重新粉刷过，伊莎贝尔的灵感来自他们下榻的酒店的装潢。伊莎贝尔是手工制作和升级改造的能手——她自己用旧浴巾做了赭色的坐垫。

上左 在卧室里，华丽的复古灯具配上明亮的金色叶子，在深绿色的墙壁衬托下显得格外美丽。因为房间被重新粉刷了，伊莎贝尔觉得这是一个更加舒适和放松的空间。

上右 公寓拥有众多迷人而又棘手的角落和缝隙。伊莎贝尔在卧室角落的一个小壁龛里玩起了油漆测试的游戏。天花板与起居室的粉红色相同，而小面积的地板则涂有鲜艳的芥末黄色。

103页 这家人搬进来的时候，薄荷绿和灰色的浴室刚刚翻新过，伊莎贝尔觉得把所有东西都拆了再重新装修会很浪费。相反，她正在考虑做一些小小的改变，让这个空间真正属于她自己。

伊莎贝尔公寓里的大部分物品都是在国内外的跳蚤市场和古董店里发现的。升级改造是她的特长，她说一点点油漆或一段布料就能让大部分物品焕发新生。在跳蚤市场里寻找宝物是她最喜欢的活动之一。对伊莎贝尔来说最重要的是爱上这件物品。她对有身份象征或标志性设计的作品不感兴趣，她看重的是家庭的个性、舒适和人性化，而不是非人性化的完美。

这是一个友好、随和的空间，每个人都有宾至如归的感觉。伊莎贝尔允许她的孩子在自己的房间里自由活动——她的儿子在他的墙上贴满了足球运动员的海报。但她的女儿最近也表示，他们可以把她的一条裤子改造成很酷的束腰短裤，穿去参加聚会——因此，创造力、循环利用基因以及想走自己路的愿望似乎也传给了下一代。

大气柔和色

  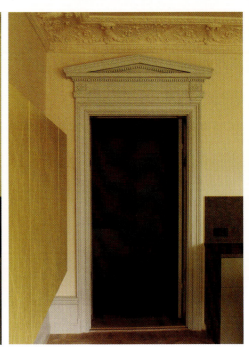

拥抱历史感

在这座位于斯德哥尔摩中心的奥斯特马尔姆区的宏伟住宅中，三座可以追溯到19世纪的保存完好的传统陶瓦火炉提供了颜色方案的灵感源泉，指导了室内装饰的方方面面。NOTE DESIGN设计工作室的任务是将这间有年代感的公寓改造得适应现代家庭生活。他们的解决方案是使用柔和暖色和各种有趣的材质与图案，打造更深层次的视觉享受。

在奥斯特马尔姆区一个安静的角落里，一栋不起眼的建筑的四楼是一个不同寻常的现代家庭住宅。室内空间高大、雄伟，庄严的年代性元素采用的是出人意料的乳白系配色。这样的配色方案成功地做到与众不同，而又不过度夸张或吸人眼球，主客厅沐浴在柔和、温馨的色彩中，让人感觉阳光一年四季都透过高高的窗户照进来。当你从一个房间走到另一个房间，你会发觉色彩方案的微妙之处。尽管公寓所在的19世纪建筑仍然展示它昔日的辉煌，墙壁和天花板使用了黄油色、苔绿色、杏色和灰白色等精巧色调，效果却是令人惊喜的现代风格。

上左与上右 这是一间令人惊喜的公寓，厨房里毛茛黄色的墙壁让一切都感觉温暖、光亮。浅色木家具与墙上被粉刷成饱和金色的壁橱完美协调。

上中 厨房岛台由抛光水磨石制成。这种生动的材料上点缀着黄色、黑色和灰色，与贯穿公寓的其他颜色相呼应。厨房岛台那简洁的现代风格造型与房间原本的建筑特色形成对比。

对页 窗口的处理方法非常简单，为的是避免与其他建筑细节产生竞争。窗帘与墙壁和天花板相搭配，窗帘的布料编织松散，方便阳光透过。

很难相信就在大约一年前,这间宁静、高雅的公寓缺乏个人色彩,是一间有些审美疲劳的办公空间,白色的墙壁和难看的现代风格射灯使高高的天花板大为减色。这间公寓几十年一直是一家瑞典时尚品牌的总部,没有厨房、浴室或任何合适的储物装置。整个空间还保留着昔日的宏伟,包括木色镶木地板和装饰性灰泥天花板造型在内的很多原本的建筑特征仍然保存得完好无损。就在这时,公寓的新主人找到了瑞典设计工作室NOTE的设计团队,寻求他们提供帮助,在保留室内的原始细节的前提下,将公寓改造成一个美丽、实用的家庭住宅。

NOTE设计工作室的团队由室内设计师苏珊娜·沃林(SUSANNA WAHLIN)领导。苏珊娜和她的同事决定按现代风格开展工作,同时保持项目的建筑完整性,而不是试图重现19世纪的室内空间。首先引起苏珊娜注意的事情之一是三个房间都出现了的,名为"KAKELUGNAR"的瑞典陶瓦火炉。

对页和上图

房主特别喜欢烹饪,想要一个宽敞且实用的厨房。NOTE设计工作室从传统的意式厨房中汲取灵感,布局可以将各种不适合的元素结合在一起。冰箱和冷柜隐藏在房间一端的独立卡其色橱柜里。

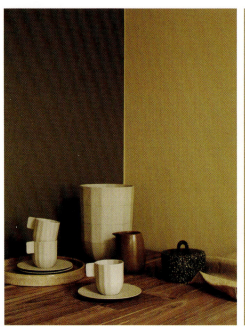

尽管这里以前是办公空间，但炉子一直保养得很好，有着独特釉面的"MAJOLICA"瓷砖以绿色、粉色和黄油色为主，为苏珊娜和设计团队提供了家里的其他空间的色彩搭配灵感。

公寓的翻新工作开始以后，其他的颜色逐渐确定，一个接一个被加入了配色方案，最终确定了八种和谐的柔和颜色。当为了给管道提供空间，一堵墙被拆除时，一个粉刷成浓郁黄芥末色、用来装饰新储物柜的旧门框露了出来。经过打磨，镶木地板上漂亮的图案变得明显。每个房间都有自己独特的设计，而苏珊娜发现卧室里的维也纳十字拼花图案尤其特别。NOTE设计工作室决定将它对称的十字图案作为一个循环的主题，将公寓里的所有新元素联系在一起。

壁挂式储物柜用来存放所有的日常必需品，它们要么是独立的结构，要么是安装在墙壁上，距离地面近1米高。这是为了防止损坏原有的踢脚板／底板，也为了满足客户的要求，将翻新建立在尊重室内空间的19世纪壮美风格的基础上。新增加的浮动柜十分实用，给空间带来轻盈的感觉。对角线标记是所有新橱柜的共同特点，呼应拼花地板上以及增加的两堵新墙的图案。

上左与上右 NOTE设计工作室负责选择公寓里使用的一切材料，从油漆的颜色到家具，甚至是最小的装饰细节。选择餐具和家庭用具时，他们选择了具有现代造型和纹理的物件，来衬托室内空间精致的配色方案。

上中 玻璃器皿来自丹麦品牌HAY，有一种微妙的烟熏颜色和有趣质感，在柔和的黄色墙壁衬托下显得格外醒目。这个系列的设计最初是通过将熔融玻璃吹进缝好的编织袋实验获得的。

对页 富丽堂皇的建筑特色是室内空间的终极特征。这间新文艺复兴时期风格的公寓拥有华丽的门上山形墙饰和华丽带有装饰飞檐的抹灰角线。

114页 黑色的细节带来一点夸张效果，也演绎出宁静的室内装饰。客厅里飘逸的"眩晕"吊灯是康斯坦斯·圭塞特（CONSTANCE GUISSET）为法国品牌PETITE FRITURE设计的。吊灯仿佛展开了翅膀，在家具上方徘徊。吊灯打开时，在天花板和墙壁上投射出优雅、细长的影子。

115页 公寓里的主要房间是纵向排列的，从卧室可以透过厨房一直看到另一端的客厅。在平静柔和的背景下，来自GUBI品牌的甲虫软垫椅子和脚凳与前景中的绿叶植物一起演奏出一首有色彩指挥的活力音乐。

对页 客厅里的家具布置在光彩夺目的"KAKELUGN"炉子周围，带有洛可可风格的细节装饰。鲜明珊瑚色的躺椅是由NOTE设计工作室为丹麦品牌WON创作的产品。椅子内部铺着软垫的灵感来自于切好的杧果所呈现的方形图案。水磨石面的咖啡桌同样由NOTE设计工作室设计。

上图 与普通乳胶漆相比，墙上的亚光涂料对光的吸收力更强。所以好几盏现代风格灯具被用来提供加强照明和氛围照明。黑色台灯名叫"MAYFAIR"，来自西班牙照明品牌TIBIA。

右图 在19世纪晚期的瑞典中产阶级住宅中，客厅里普遍安装了奢华的装饰性陶瓷炉具。NOTE设计工作室的苏珊娜·沃林从这种复杂的装饰细节和微妙的色彩中获得设计灵感，用相同的配色装饰公寓的其余部分。

拥抱历史感 113

对页 卧室里保存完好的角炉里铺满了浓郁的橄榄绿色马赛克琉璃瓦。这种砖石炉子是房子建造的那个时代的典型元素,它的特点是黑色的瓷砖和大胆的浮雕图案。从前几乎每一个瑞典家庭里都可以找到这样的炉子,但在20世纪初,由于集中供热和电力行业的发展,瓷砖炉具慢慢不再流行。

下图 墙壁和天花板都使用了来自瑞典品牌ALCRO的PASHMINA"丝光羊毛"涂料,呈现一种豪华的非常亚光的效果。卧室墙壁的颜色与瓷砖炉子搭配,灰绿色的色调为房间营造出宁静、放松的气氛。

右图 这张特别设计的床令人想起日本蒲团,它的棱角形状与古典的吊顶形成了有趣的对比。与橱柜一样,床是由一家与NOTE DESIGN设计工作室经常合作的木工公司制作的,床的框架采用喷漆工艺,以达到完美的效果。

为了实现现代风格,每一个房间的墙壁、天花板和装饰线条都粉刷成了一样的颜色,打造平静、宽敞的效果。使用的涂料来自瑞典品牌ALCRO,刷完的表面十分平整,几乎呈现柔软光滑的质地。为了形成微妙的对比,雄伟的门挡板、门上的山形墙饰和齿状装饰以及高高的踢脚板/基线板、窗户壁龛和散热器都选择了柔和的绿灰色涂料。

至于公寓的布置,NOTE DESIGN设计工作室选择了造型简约的现代北欧设计,包括他们自己的几种产品。所用材料既有天然的未涂漆木材,也有带粉末涂层的金属或光滑的水磨石。

拥抱历史感

上图 公寓里所有的镶木地板都先用砂纸打磨,然后用白蜡油进行了处理。粉红色的软垫甲虫躺椅和脚凳来自丹麦品牌GUBI,为原本宁静的绿色的卧室提供了一抹鲜艳的色彩。

上右和对页 书房里的墙粉刷的是温和的杏色。这里选用的是来自GUBI品牌的软垫甲虫沙发和来自NOTE设计工作室的SILO落地灯。浓郁的橄榄绿书架(见对页)与卧室里瓷砖炉子的颜色相呼应。黑色的书桌和细长的台灯强化了书房的柔和色彩方案。

厨房位于公寓的核心位置,这里的墙壁粉刷成淡淡的黄油色。厨房的橱柜与卧室里瓷砖炉子的深绿色相呼应,柜门采用了简单的网格设计。矩形厨房岛台由实用的点缀了黄色、黑色、灰色和白色的抛光水磨石制作而成,而没有选择经典的大理石。实用的石灰石防溅挡板上方,安装的是来自ATELIER ARETI的白色壁灯为工作台提供照明,而来自NOTE设计工作室的黄色亚光SILO TRIO灯悬挂在长木桌上方。

设计团队从占据了一个角落的瓷砖炉中汲取灵感,将主卧粉刷成浅浅的橄榄绿。卧室的其余空间故意保持简单,以免产生对这个特征和灰泥天花板灯线盒的视觉干扰。床后面的墙上安装了墙板,使用的是在公寓其他地方反复出现的对称的十字设计。浴室里采用的是意大利品牌MUTINA的亚光、无釉的小壁砖,再次呈现柔和的配色和亚光表面。即使在这里,设计概念仍然很清晰——冷静的色调、现代的设计和有趣的纹理与公寓独特的奢华特质形成完美的补充。

本页 走廊里充满了温暖、光明和色彩。皮埃尔·弗雷品牌的ALEXANDRIE墙纸充满奇异的植物和摇曳的棕榈树图案,确定了公寓其他部分的配色。丽格和她的未婚夫在翻修公寓时安装了墙壁镶板。

一抹热带风情

当室内设计师丽格·比耶·安德森搬进奥斯陆市中心这间有年代感的公寓时，它十分需要打理。经过了几十年，这间19世纪公寓已经在一系列的装饰和翻新中彻底缺失了灵魂，因此丽格和她的未婚夫决定恢复这里的昔日辉煌。新铺的地板和恢复后的建筑特色忠实于建筑的历史，而装饰和陈设混合了折中主义的配色和风格。结果得到的是城市中心的一抹热带风情。

上左　丽格一直很喜欢蓝色和绿色，她从FARROW & BALL品牌的产品中为墙壁选择了特蕾莎绿色——一种温暖、浓郁的水蓝色。墙壁表面是亚光的，壁纸也选择了相近的颜色。白色的粗陶花瓶来自HOUSE DOCTOR DK品牌，有着有趣的不规则表面和象牙白色釉面。

上右　在丽格家，黄色是一种反复出现的强调色。门厅里有一把低矮的长椅，上面铺着一个鲜艳的深黄色织物坐垫（见对页图片）。在厨房的工作台上放着一盏万向灯，释放着柠檬黄色的光芒。柔和的墙壁衬托出鲜艳的主要配色。

丽格的公寓位于奥斯陆西部的马略图恩社区，是一栋建于1904年的排屋的一部分。在过去的一百多年时间里，这套公寓经历了多次翻新，大部分原来的建筑特色已被拆除。丽格刚搬进来时，曾自己尝试了各种不同的配色和装饰风格，但是最近她和未婚夫决定从头再来，为公寓进行一次全面的修复和翻新。

通过拜访邻居，这对夫妇获得了公寓所在建筑原貌的宝贵信息。为了在她的家里打造出同样的感觉，丽格在客厅安装了一个"KAKELUGN"——一种传统的瓷砖炉子，她还在走廊的墙壁上安装了护墙板，并恢复了天花板上的顶冠饰条。地面上的拼花地板选择了典型的荷兰图案。

新装修的公寓用精心挑选的淡色装点，采用的是现代与复古的混合装饰风格。

左图　厨房里所有的橱柜和电器都采用了新的薄荷色调，这种颜色名为铜绿色，来自瑞典品牌SUPERFRONT。这个特别的设计被称为"错觉"，上面的微妙图案会随着一天之中光线的变化而改变。一些人看到的是方形图案，另一些看到的是锯齿形图案或盒子图案。光亮的大理石台面增添了经典之感。

本页 厨房和客厅都是开放式空间。丽格为这里选择了冷色调,她表示自己更喜欢这里充满有活力的颜色,打造经典的外观,且可以通过添加新的纺织品和装饰物品进行更新升级。这个精简的装修风格让人感觉室内空间更亮,并将注意力转移到红色的MUUTO餐桌,经典的CH24骨椅或汉斯·J·魏格纳设计的叉骨椅上。

本页 客厅里尽是各个时期的北欧设计经典。墙上悬挂的艺术品包括了北欧艺术家玛莉特·杰拉尔丁·波斯塔等人(MARIT GERALDINE BOSTAD, JOHS. BØE, SOUVANNI ASMUSSEN)的作品,与柔和的配色十分协调。这幅大的绿色画作是玛莉特的作品,名为"害羞又不害羞",似乎很好地总结了这个公寓柔和而色彩斑斓的特点。

丽格被墙上的柔和色彩所吸引——她认为这些色彩创造了一个经典的背景,可以通过改变装饰细节、纺织品和其他物件,根据不同的季节和流行趋势对室内空间进行更新升级。

这间公寓里充满五颜六色的细节,细心的访客会发现几个由20世纪30年代著名设计师创作的图案。丽格从经典的瑞典品牌SVENSKT TENN以及伟大的设计师约瑟夫·弗兰克(JOSEF FRANK)和艾丝特蕾德·埃里克森(ESTRID ERICSON)的作品中获得了大量灵感。约瑟夫与艾丝特蕾德二人一起改变了刻板的北欧功能主义,使其成为更有魅力,更快乐且充满活力的风格。他们的北欧风格大胆又精致,运用图案和色彩,同时又保持一种简约的感觉。相同的特点也可以在丽格的家里看到。

一抹热带风情 125

对页 丽格和她的未婚夫给整个公寓铺上了镶木地板。木地板有古色古香的轻亚光表面,这意味着它的颜色会在不同的灯光下发生变化。在小小的家庭办公室兼客房里,温暖的米色墙壁与地板非常相配。

左图 丽格为这个房间选择了一种有粉红底色的质朴米色,名为"柔软的皮肤",是挪威涂料品牌JOTUN的产品。它的无光表面呈现一种深沉的效果。这个空间还可以作为客卧使用,氛围是平静而放松的。墙上的画出自埃丝特·哈泽(ESTHER HAASE)和米卡尔·斯特洛姆(MIKAL STRØM),他们在画中使用的柔和糖果色与丽格在公寓其他地方使用的颜色呼应。

下图 为了打造奢华酒店氛围,丽格和她的未婚夫在客卧中安装了小水池和镜子。在这样一间小公寓里,这样的改造增添了非常实用的功能,允许客人在私人空间里梳洗一番。

走廊、客厅和厨房等公共区域采用的是大胆的图案和古怪的装饰物件,配有精选的20世纪中期经典北欧设计家私。但这个家里不全是复古风格——除了一些现代艺术品和现代家具还有更多内容。卧室比较安静,采用的是冷静质朴的装饰风格。

丽格和她的未婚夫重新装修公寓时,他们将公寓的厨房和客厅进行了重新布置,创造了一个开放式的布局,不仅使空间感觉更大更明亮,也意味着这里非常适合娱乐活动。照明也是非常重要的。客厅里有一盏丹麦设计师维奈·潘顿(VERNER PANTON)设计的路易斯·波尔森落地灯和一盏乔治·尼尔森(GEORGE NELSON)设计的气泡碟吊灯,吊灯的设计灵感最初来自一套瑞典的丝质挂灯。厨房桌子上方挂着的半黄铜吊灯来自丹麦品牌GUBI,而厨房中的白色壁灯则来自PH 2/1——保罗·亨宁森(POUL HENNINGSEN)在20世纪50年代设计的,他是著名的PH3家族中的最小成员。

一抹热带风情

上图 笔记本上覆盖着约瑟夫·弗兰克（JOSEF FRANK）1930年设计的布料，放在丽格精巧的大理石床头柜上。

左图 客房和卧室都有内置的书架，与墙壁刷成相同的颜色。这样的设计不仅呈现统一外观，也为架子上令人愉快的物件提供了柔和而微妙的背景。

丽格决定把这些灯安装在厨房工作台上，因此，这对夫妇选择了宽敞的基础橱柜，而不是吊柜。为了丰富色彩，增加视觉趣味，他们将原有的宜家品牌橱柜门换成了来自瑞典品牌SUPERFRONT的薄荷绿色新产品。这个品牌专门生产了适合宜家橱柜的新型柜门，称为"错觉"，因其微妙的图案会在一天中随着光线变化而发生变化。

丽格自己经营的公司为杂志、广告活动、私人住宅和办公室提供创意设计和室内设计服务。为了保持自己独特的风格，她试图打造一个反映自己品位和个性的住所，既中性又经典。丽格的专业技能在公寓翻新时派上了用场——她在装修前详细整理了的情绪板，变化了多件家具的织物布料，还自己动手把公寓重新粉刷了几次。

得到的结果是一个绝对北欧风格，但又十分时尚的配色效果。一百年过去了，这间公寓终于恢复了昔日的光辉，但正是丰富多彩的细节让它变得栩栩如生。

本页 卧室用FARROW & BALL品牌的PEIGNOIR色粉刷——那是一种柔和的灰粉色，充当为房间增添情趣的覆盆子色和浅绿色强调色的精巧背景。床上手工制作的垫子是丹麦设计师克里斯蒂娜·兰德斯丁（CHRISTINA LUNDSTEEN）的作品，丽格自己动手给宜家品牌的床头板安装了布面。窗户上悬挂的厚窗帘和薄纱镶板方便丽格和未婚夫根据需要调整光照强度。

精致生活空间

这间可以欣赏到斯德哥尔摩景色的通风公寓，从一处白色、极简主义风格的非个人化空间被改造成了一个温暖温馨的家。商人斯蒂芬·伦特堡和他的家人决定离开郊区，搬回市中心时，他们想要寻找一个既适合娱乐，也能满足安静、实用的日常生活需要的家。平静的配色，优雅的家具装饰和少量的北欧经典设计使得这套公寓完全符合他们的要求。

对大多数父母来说，总是有一个时期，小孩子长成了大孩子，没人需要在花园里踢球了。在斯德哥尔摩的郊区愉快地生活了许多年之后，斯蒂芬·伦特堡和他的妻子，以及他们十几岁的儿子就遇到了这样的情况。全家人都渴望节奏更快的城市生活，决定离开舒适的郊区住所，在市中心开始新的生活。

在斯德哥尔摩市中心一幢建于20世纪30年代的高大建筑里，一家人找到了一处心仪的公寓。巨大的阳台可以欣赏到惊人的城市景观，但现代的黑白室内空间缺乏吸引力。

上左与上中 沙子、黏土和羊绒都启发了这间公寓的色彩设计。墙壁和天花板都粉刷成杏粉色和浅褐色，营造出柔和朦胧的氛围。公寓非常适合这家人的家庭生活需要，也非常适合娱乐。斯蒂芬和妻子从事的工作要求很高，需要经常出差，所以对他们来说，最重要的是打造一个让人放松而备感愉快的家。

上右 壁炉上的银壶是继承来的，烛台则是来自好朋友的礼物。后者就是所谓的"友谊之结"，是1938年，第二次世界大战爆发前一年，约瑟夫·弗兰克为斯万斯克特·腾恩所做的设计，是和平和友谊的象征。

本页 起初，斯蒂芬和他的妻子对墙面粉刷成粉红和米白色并不确定。在色卡上看起来柔和而中性的颜色，粉刷到墙壁和天花板上后个性更强。过了一段时间，待家具也摆进来以后，这对夫妇深深喜欢上了这种平静的色调。

白色的墙壁，巨大的玻璃隔断和黑色元素让人感觉坚硬而不友好。一家人决定，如果他们想要做出生活方式的巨大改变，他们想要新家以现代北欧设计为基础，但却与众不同。

斯蒂芬和他的妻子都在金融业工作，经常出差。他们想要一个宜居之家，一个可以放松地回来的家，但是也要适合招待来自世界各地的商业伙伴和朋友。为了实现他们的梦想，斯蒂芬联系到了斯德哥尔摩的NOTE设计工作室，希望打造一个温暖、舒适的空间，营造一种温馨、舒适的氛围，成就一种经典、精致的韵律。NOTE设计工作室试图捕捉这些感觉，整理出了情绪板，并且从一张意大利广场的图片，一张旋转的芭蕾舞女演员的图片，一件开司米羊绒外套和一双沙色运动鞋中获得灵感。

上图 挂在楼梯边墙上那幅画是瑞典艺术家、作曲家乌尔夫·伦德尔（ULF LUNDELL）的作品。它是斯蒂芬在多年前买的，因为他非常喜欢伦德尔的音乐。

左图 当一家人搬进来时，通往阁楼区域有一座沉重的、带玻璃板的橡木楼梯。为了更整洁的外观，设计工作室用特别设计的楼梯将其取代。新楼梯有较高的竖板，与墙粉刷成一样的颜色。扶手上覆盖着一层触感极佳的皮带。

对页 开放式布局包含了多个不同的社交空间，让家庭成员即使在不同的区域进行不同的活动，也可以共处一个空间。楼梯通向夹层空间，宽敞的座位区有一张NOTE设计工作室设计的光面佐罗桌，搭配两个又长又矮的粉灰色和天蓝色沙发软座。

左图和上图 翻修之前，公寓几乎没有或者说根本没有有效的储物空间。由于高高的屋顶窗和屋顶的角度，橱柜无法安装，所以设计团队建议构建低层的深抽屉储物单元。这些单元形成一个长长的水平线，起到稳固空间的视觉效果。温暖的钢青色反复出现在主卧室、书架和门上。浅色的木头餐桌和来自丹麦品牌GUBI的软垫甲虫椅与倾斜天花板的柔和色调相呼应。

由于公寓里高高的天花板、尖尖的屋脊角和狭窄的屋顶窗，使得用窗帘柔化空间变得很困难。设计团队选择将墙壁和天花板粉刷成柔和色调，打造一种平静和沉稳的气氛。配色方案由三种柔和的色调组成——杏粉色、暖浅褐色和烟熏灰蓝色，并使用相同的柔和色彩粉刷天花板和墙壁，打造一种流畅的效果。然而，一家人还是花了一段时间才适应了这样的效果——斯蒂芬说，他和妻子第一次看到粉刷完的墙壁时，完全处于震惊的状态。即便是看起来很柔和的颜色，如果像这样将墙壁和天花板完全覆盖，还是会显得个性十足，十分显眼。

精致生活空间

对页 公寓位于斯德哥尔摩中心偏南一个异常高的房子里。从这里可以饱览开阔的城市景观，全天都有充足的光照。大部分时间里这都是一间美好的公寓，但斯蒂芬承认，在黑夜极短的仲夏时节，存在一些困惑。蓝灰色的储物单位遍布整个公寓，为室内装饰和高高的天花板提供了坚实的基础。

左图 楼梯的形式在几个地方重复出现，比如这里，在烟囱管道的一侧。这个玻璃花瓶叫"ANG"，是瑞典语中"草地"的意思，来自现代的瑞典设计品牌KLONG。

下图 开放壁炉是瑞典家庭中一个典型特征，本案中的示例具有一种坚固、实用的魅力。橡木拼花地板经过砂纸打磨，涂刷少许白色的漆来打造与墙壁互补的暗淡光泽。

为了打造舒适和安逸的感觉，公寓里配备了造型优雅、简单的布艺软垫。室内空间采用典型的北欧材料，经典的配色，呈现出时尚的国际氛围。

斯蒂芬的一个更实际的要求是增加大量的储物空间。这间顶楼公寓里高高的天花板和尴尬的斜屋顶使得安装壁柜的难度很大，所以设计团队建议在整个公寓安装低层的深抽屉单元。这些粉刷成温柔灰蓝色的抽屉单元形成了明确的水平元素，与垂直方向的天花板相抵消，使得室内空间更加协调统一。

蓝色也出现在主卧室里。这个空间相对较小，所以设计团队选择通过把房间漆成深蓝色，增加亲密感和封闭感。斯蒂芬说，这些深色的墙壁营造出一种舒缓的洞穴般的氛围，即使他们住在喧闹的城市中心，也能安静地睡个好觉。

通往夹层空间的美丽的、雕塑般的楼梯是改变了公寓的另一个特色。

精致生活空间

本页 一家人可以在这个小小的就餐区欣赏窗外的斯德哥尔摩城市风景。太阳照进来的时候,柔和的米色墙壁感觉更温暖。椅子来自SPACE COPENHAGEN设计工作室为家具品牌FREDERICIA FURNITURE设计的SPINE"脊"系列家具。这一设计受到布吉·莫根森(BØRGE MOGENSEN)的影响,但带有一点现代气息。

上左 自从卡尔·马尔姆斯滕（CARL MALMSTEN）于1942年创造出LILLA ALAND小奥兰餐椅，传统的温莎椅已经成为瑞典设计的同义词。瑞典和挪威的许多夏季别墅里都可以见到它的身影。这个版本是来自HAY的J110。它的高靠背和扶手设计打造出高贵、雅致的造型，而在柔和的墙壁颜色映衬下，朴素的形式却看起来十分引人注目。

上右 书桌的配色再次选择了蓝灰色，而椅子扶手上皮革的棕褐色在公寓的其他细节上反复出现，比如楼梯的扶手。等到白昼渐渐消逝，夜幕降临时，铰接的黑色落地灯准备上场。

140页和141页

为了在小小的主卧里打造亲密的感觉，设计团队为这个空间选择了浓郁且高饱和度的钢青色。纺织品的选择也注重相应的搭配：棉质床罩是ALL THE WAY TO PARIS"一路到巴黎"品牌为HAY打造的QUILT SIDEWAYS系列。为了弥补黑暗的墙壁，规划包含了大量的有效照明，固定在墙上的BESTLITE百辉灯具提供适合读书的光线。床后的墙面被有网格设计的木板覆盖，形成单色质感和视觉焦点。

设计团队用整洁、经济的与墙壁颜色相同的楼梯取代了原来有玻璃结构的大楼梯。新楼梯配有纤细的金属栏杆和覆盖着皮革的扶手。

阳光穿过高处的窗户，在室内留下印记。一家人喜欢在厨房里一起喝咖啡，吃早餐，读报纸，自然的光线在米色的墙壁上荡漾。如今，斯蒂芬一家人非常喜欢柔和配色，这温馨的家庭氛围也深受客人们的欢迎。室内的开放式布局使得一家人不必在同一个空间从事相同的活动，也可以一起度过家庭时光——一个孩子可以在沙发上看电视，另一个可以在餐桌边学习，这时斯蒂芬可以在厨房里一边和两个孩子同时聊天，一边准备晚餐。这是一个平衡了精致生活与社交活动的完美之家。

本页 米克尔和梅特二人从经典的丹麦谷仓建筑中汲取灵感,自己完成了房子的设计。空间中心的瓷砖烟囱对屋顶结构起到支持作用,既美观又实用。

自然·自在

在西兰岛最北端,丹麦的工艺和来自世界各地的奇珍异宝在一座新建筑高耸的屋顶下和谐共存。摄影师米克尔·阿德思博和他的妻子梅特设计出了他们梦想中的房子,并在几年前与他们的两个儿子一起搬到了这里。米克尔和梅特的家散发出一种典型北欧式的奢华。这里看不见镀金镀银和珠光宝气,取而代之的是实用的设计,坚固的材料,舒适的氛围和与自然的密切接触,这些是最重要的。

厌倦了城市生活的米克尔和梅特梦想着在哥本哈根北部的乡村开始新的生活。梅特对水滨生活有着美好的憧憬,而米克尔则想让他们的孩子在田野和林地中长大。这对夫妇找到了完美地点,这里能够俯瞰湖景,地处丹麦最大森林的边缘。他们在这里建起了一座又长又矮,刷成白色的房子,灵感来自传统的丹麦谷仓建筑。这里田园牧歌,景色会根据季节、时间和天气的不同而不断变化。米克尔和梅特与很多北欧人一样,热爱自然。这一点在室内和室外的设计中都很明显。

上左 独特的装饰品中许多是从国外购买回来的。这个靠近门口,种了一棵龟背竹的旧罐子是在法国旅行途中找到的。

上中 主要生活区的墙壁粉刷成了"巴格达灰"——丹麦油漆品牌FLUGGER生产的一种平静的蓝灰色,其灵感来自丹麦历史建筑的颜色。大厅的墙上悬挂着的一块木头雕刻来自印度的一所房子。

上右 对于一个有孩子的家庭来说,储物空间是极为重要的。这家人在设计房子时就规划了大量的储物空间,包括走廊上长长的一排内置橱柜/壁橱。

上图 门厅与客厅之间的窗户已有100多年的历史,是从哥本哈根的B&W船厂打捞出来的。优雅的OW150躺椅是由丹麦设计大师奥勒·万舍(OLE WANSCHER)在1950年设计的经典之作,倾斜的黄铜壁灯来自于丹麦家居品牌TINE K。

右图 厨房是由凯本哈文斯·莫贝尔斯内德凯里(KØBENHAVNS MØBELSNEDKERI)用烟熏橡木手工制作的。米克尔和梅特在他们开始装修房子之前就买下了它,并将烟熏橡木的浓郁色调作为一个反复出现的主题。黄铜吊灯也是定制的。

设计这座房子时,这对夫妇制作了情绪板并整理了颜色样品和材料,以便更容易得到可视化的最终效果。他们之前的家使用的是浅色装潢,但是在这里,他们决定打造一个在北欧常见的、清澈、宁静的蓝灰配色方案。由于是从头开始建造这所房子,梅特和米克尔得以选择与周围环境协调的材料和材质。地板是经过涂油处理的榉木,厨房选用的是熏橡木和其他贯穿整个设计的自然材料。每一种材料都经过精心挑选,以更好地适应空间,整个房子柔和的蓝灰色墙壁让人想起雾蒙蒙的早晨、朦胧的云朵和多岩石的海滩。

米克尔是一名摄影师,当看到这房子的线条整洁、比例匀称时,可知他的创造能力是显而易见的。他坦言在设

计房子时运用了负空间等摄影技巧，也自然会倾向于使用有限的颜色。坚持一种主色调，但在纺织品、墙壁和木制品上使用不同颜色打造柔和、舒缓的氛围。

贯穿整个空间的淡蓝色与起居区和厨房的黄铜色细节及高耸的木质天花板十分搭配。事实上，烟熏橡木厨房定下了整个房子的风格。在他们建造这座房子的四年以前，米克尔在一个展示间发现了它，喜欢上了它那浓郁的色调、强烈的线条感和出色的工艺。这对夫妇将它买下、拆解，然后存放了几年之后，在他们新建的房子里重新组装起来。米克尔说厨房是他最喜欢的地方之一，他很喜欢在那里做饭。

支撑屋顶的巨大裸梁选用进口材料制成,因为在丹麦当地找不到足够大的木材。刷成深棕色的木材与厨房单元和木板屋顶协调搭配。米克尔补充说,客人们来到他们的家里,经常喜欢敲敲这里,摸摸那里。优质材料现在是如此罕见,人们似乎都对它们十分着迷。

这所房子里的一切都是倾注了爱和关怀而完成的。墙壁是主人亲手粉刷的,家具是由工匠们制作的,而许多装饰性的部件要么是米克尔和梅特设计的,要么是在环球旅行中购买的。地毯是从马拉喀什的露天市场买来的,成箱的古董是这对夫妇从印度、巴厘岛和泰国运回来的。

规划房子的布局时,米克尔和梅特把它分成了两个部分——一个通风的社交空间,容纳了厨房、餐厅和客厅,以及谷仓另一端一个更私密、休闲的区域。悠闲舒适的感觉是这家人也想让客人在这里获得的体验,所以他们为过夜的客人安排了卧室。

朋友们提醒这对夫妇说,他们会想念哥本哈根,会感到寂寞,但事实证明他们错了。这家人比以往任何时候都更快乐。孩子们喜欢在外面玩,还开着一辆老式的弗格森拖拉机在田里转来转去,而米克尔每天30分钟的通勤时间,给他提供了宝贵的思考时间。这个家为每个人提供了最好的生活状态。

对页 地板是用宽大的油灰木板制成的。用餐区是科赫·柯肯(KOCH KKKEN)品牌的餐桌,周围的餐椅是汉斯·J·韦格纳(HANS J WEGNER)的CH33和CH26扶手椅。对于夫妻二人来说,舒适安逸的感觉非常重要。他们通过重组新物件、经典设计、古董以及他们在旅行中收获的新奇物件以一种不拘一格的组合方式实现了这个目标。

左图 天花板很高,这对照明常常是一个挑战。这里的解决方案是将嵌入式聚光灯与不同层次的装饰灯具相结合。这里的壁灯是丹麦品牌TINE K的铜摇臂灯。

上图 这张照片一角的贝尼·奥雷因(BENI OURAIN)地毯和家里所有的地毯一样,都是在摩洛哥的马拉喀什露天市场买的。躺椅是20世纪50年代由汉斯·J·韦格纳设计的经典CH22款。

自然·自在　147

本页 米克尔和梅特制作了情绪板,以确保室内风格平衡一致。窗户前面挂着蓝色的窗帘,与弗里茨·亨宁森(FRITS HENNINGSEN)设计的天鹅绒扶手椅相配。沙发来自意大利梅里迪亚尼(MERIDIANI)公司。

上左 浴室散发出低调的奢华感。古董镜子、水龙头和黄铜壁灯与靛蓝墙壁相映成趣。花岗岩水槽从巴厘岛运回丹麦,放在凯本哈文斯·莫贝尔斯内德凯里(KØBENHAVNS MØBELSNEDKERI)的盥洗台上。地面是侏罗石灰岩,含有许多化石成分。

左图 浴室涂有防水涂料,适合潮湿的房间。米克尔和梅特最初为浴室选择了一种精致的亚粉色,但最近重新粉刷了这种丰富的、饱和的蓝色——一种强调黄铜细节和深色木材细节的色调。这件精美的手型雕塑是在泰国买的。

上图 和房子里的大部分照明一样,卧室里的灯具是由米克尔设计的,并为此房定制。这些花瓶是在摩洛哥买的,古斯特维安的椅子曾经属于梅特的祖先,但现在用一种新的面料重新修复。

对页 这种沉静的蓝色配色方案将建筑里的每一个房间连接在一起。在卧室里,所有的蓝色纺织品增加了舒适的感觉。德达尔的深蓝色天鹅绒窗帘遮住了日光,柔软的水洗亚麻布床单与墙上的色调相呼应。

产品信息

家具

Arrondissement Copenhagen
www.arrondissment-cph.com
Danish furniture brand co-owned by Anders Krakau of Rue Verte.

Carl Hansen & Son
www.carlhansen.com
Founded in 1905, this famous firm produces designs by Scandinavian design giants such as Hans J Wegner and Poul Kjaerholm, among others.

La Fibule
www.lafibule.fr
Luxurious contemporary furniture, sofas and lighting from a French furniture brand.

Fredericia
www.fredericia.com
Danish design house dating back to 1911 and producing many Scandinavian design classics.

Fogia
Swedish brand that collaborates with selected Scandi designers.

Gubi
Møntergade 19
1140 København K
Denmark
+45 53 61 63 68
www.gubi.com
Danish designer furniture and lighting brand.

Hay DK
Østergade 61
1100 København K
Denmark
+45 42 82 08 20
www.hay.dk
Danish brand offering affordable designs with a modern aesthetic.

Kollekted By
Rathkes gate 4
0558 Oslo
Norway
+47 400 42 743
www.kollektedby.no
Jannicke Krakvik and Alessandro D'Orazio's store in Oslo.

Meridiani
www.meridiani.it
Elegant contemporary Italian furniture from a Milan-based firm.

Muuto
www.muuto.com
Modern Scandinavian furniture, lighting and accessories, including tableware and textiles. Visit their website for your nearest stockist.

Normann Copenhagen
Østerbrogade 70
2100 København Ø
Denmark
+45 35 27 05 40
www.normann-copenhagen.com
As the name suggests, a Danish design company producing furniture, lighting, kitchenware, textiles and decorative accessories.

Ochre
www.ochre.net
Beautifully crafted, elegant, contemporary lighting and furniture from a New York/London-based British brand.

Overgaard & Dyrman
www.oandd.dk
Contemporary Danish furniture maker merging traditional craftsmanship with modern technology and sold through Rue Verte (see above), among others.

Rue Verte
Ny Østergade 11
1101 København K
Denmark
+45 33 12 55 55
www.rueverte.dk
High-end interiors store co-owned by Anders Krakau (pp. 60–69) and Michala Jessen (pp. 28–37).

Won
www.wondesign.dk
Innovative young Danish design brand producing fresh and appealing furniture designs.

灯具

Artemide
www.artemide.com
Renowned Italian lighting and furniture brand.

Atelier Areti
www.atelierareti.com
European design studio producing stunning lighting designs.

Gallotti & Radice
www.gallottiradice.com
Sophisticated and luxurious Italian lighting, glassware and furnishings.

Louis Poulsen Lighting
www.louispoulsen.com
Renowned Danish lighting manufacturer producing lighting designs by iconic Scandinavian designers including Poul Henningsen and Verner Panton.

Tine K Home
Overgade 14
5000 Odense C
Denmark
+45 27 82 85 21
www.tinekhome.com
Danish lifestyle brand offering simple, understated tableware, textiles, lighting and some very elegant furniture.

Orsjö Belysnig
www.orsjo.com
Swedish lighting brand producing exciting collaborations with Scandinavia's leading designers, including Claesson Koivisto Rune and Note Design Studio.

Restart Milano
www.restartmilano.com
Elegant minimalist furniture and lighting.

Vibia
www.vibia.com
Beautiful, dramatic and architectural lighting designs from this Spanish brand.

涂料、墙纸、织物和地板

Alcro
www.alcro.se
Swedish paint brand.

Dinesen
Søtorvet 5
1371 København K
Denmark
+45 33 11 21 40
www.dinesen.com
Danish wooden flooring company producing good-quality solid oak and fir floors in a wide range of sizes and finishes.

Jotun
www.jotun.com
Norwegian paint company.

Marrakech Design
www.marrakechdesign.se
Swedish company specializing in encaustic cement tiles for walls and floors, with exclusive designs from Scandinavian designers Claesson Koivisto Rune and Mats Theselius.

Mutina
www.mutina.it
Remarkable Italian ceramic tiles designed in collaboration with leading designers.

Svenskt Tenn
Strandvägen 5
114 51 Stockholm
Sweden
+46 8 670 16 00
www.svenskttenn.se
Historic Swedish interior design company famous for Josef Frank's bold and colourful fabric designs as well as homewares, furniture, decorative pieces and jewellery.

Tapet-Café
Brogårdsvej 23
2820 Gentofte
Denmark
+45 39 65 66 30
www.tapet-café.dk

Printed textiles, wallpaper, rugs, Farrow & Ball paints, upholstery and custom-made soft furnishings. Interior design service available.

Zoffany
www.zoffany.com
British paint company.

厨房

Frama
www.framacph.com
Danish design studio specializing in elegant, refined furniture, lighting and a unique, freestanding low-tech kitchen system made from Douglas fir, marble, melamine and steel and designed to move house with you.

KBH Københavns Møbelsnedkeri
Sturlasgade 14
2300 København S
Denmark
+45 33 31 30 30
www.kbhsnedkeri.dk
Custom-built handmade furniture and kitchens plus a 'new classics' collection of handcrafted chairs, tables, cabinetry and lighting.

Koch Køkken
Birkerød Kongevej 137 C
3460 Birkerød
Denmark
+45 40 41 07 08
www.kochkoekken.dk
High-end Danish kitchen company producing quietly elegant handcrafted kitchens.

Puustelli Miinus
www.puustellimiinus.com
Eco-friendly Finnish kitchen company. The Miinus Kitchen is produced using ecologically friendly, non-toxic methods and has a low carbon footprint. It has great longevity and is entirely reusable and recyclable. Visit their website for details of stockists.

Superfront
www.superfront.com
Ingenious Swedish brand offering high-quality cabinet fronts, legs, knobs and handles that work with popular Ikea kitchen designs as well as the Swedish superstore's wardrobes and other storage.

装饰物及配件

Bjørn Wiinblad
www.bjornwiinblad-denmark.com
Decorative items, ceramics and glassware designed by the Danish designer and illustrator.

House Doctor DK
www.housedoctor.dk
Fun, trend-led wall décor, home office supplies, storage, cushions and lighting.

Iittala
www.iittala.com
Beautiful, simple glassware from a historic Finnish company.

Rebekka Notkin
Bredgade 25A
1260 København K
Denmark
+45 33 32 02 60
www.rebekkanotkin.com
Exquisite pieces from jeweller Rebekka Notkin (see her home on pp. 50–59).

Lillian Tørlen
www.lilliantorlen.no
Norwegian ceramic artist.

图片归属

前衬页： 上左图为设计师丽格·比耶·安德森在奥斯陆的家的室内装饰；

上中图为Note Design设计工作室的室内装饰；

上右图为艺术品收藏家萨拉·莱斯加德的家的室内装饰；

下左1图为梅特·阿德思博和米克尔·贝克·阿德思博设计的房屋和室内空间；

下左2图为斯德哥尔摩Note Design设计工作室的室内设计师丹尼尔·赫克尔的家；

下右1图为Note Design设计工作室设计的室内装饰；

下右2图为由Note Design设计工作室设计的斯蒂芬·伦特堡的家的室内装饰。

后衬页： 上左图为艺术品收藏家萨拉·莱斯加德的家的室内装饰；

上中图为设计师丽格·比耶·安德森在奥斯陆的家的室内装饰；

上右图为Note Design设计工作室的室内装饰；

下左1图为由Note Design设计工作室主持设计的斯蒂芬·伦特堡的家的室内装饰；

下左2图为斯德哥尔摩Note Design设计工作室的室内设计师丹尼尔·赫克尔的家的室内装饰；

下右1图为Note Design设计工作室的室内装饰；

下右2图为梅特·阿德思博和米克尔·贝克·阿德思博设计的室内空间。

第1页中的图片为设计师丽格·比耶·安德森在奥斯陆的家的室内装饰；

第2页中的图片为斯德哥尔摩www.isabelle.se网站的创意总监兼电视主持人伊莎贝尔·麦卡利斯特的家；

第3页中的图片为Note Design设计工作室的室内装饰；

第4页中的图片为梅特·阿德思博和米克尔·贝克·阿德思博设计的室内空间；

第5页的图片为斯德哥尔摩Note Design设计工作室的室内设计师丹尼尔·赫克尔的家；

第6页中的图片为设计师丽格·比耶·安德森在奥斯陆的家的室内装饰；

第7页中左图与右图为斯德哥尔摩Note Design设计工作室的丹尼尔·赫克尔的家；

第7页中的中图和第9页中的图片为www.rueverte.dk室内设计师米萨拉·耶森在哥本哈根的家；

第10、11页中的图片为梅特·阿德思博和米克尔·贝克·阿德思博设计的室内空间；

第12、13页中的图片为艺术品收藏家萨拉·莱斯加德的家；

第14页中的图片为Note Design设计工作室设计的室内装饰；

第16页中的图片为卡拉克维 & 德拉齐奥创意工作室；

第17页中的图片为www.rueverte.dk室内设计师米萨拉·耶森在哥本哈根的家；

第18、19页中的图片为珠宝设计师丽贝卡·诺金在哥本哈根的家；

第20页中的左图为Note Design设计工作室主持设计的斯蒂芬·伦特堡的家；

第20页中的中图为www.rueverte.dk室内设计师米萨拉·耶森在哥本哈根的家；

第20页中的右图和第21页中的图片为室内设计师安德斯·克拉考位于哥本哈根韦尔特街的家；

第22页中的图片为艺术品收藏家萨拉·莱斯加德的家；

第23页中的图片为斯德哥尔摩Note Design设计工作室的丹尼尔·赫克尔的家；

第24页中的图片为Note Design设计工作室主持设计的斯蒂芬·伦特堡的家；

第25页中的上图为设计师丽格·比耶·安德森在奥斯陆的家的室内装饰；

第25页中的下图为梅特·阿德思博和米克尔·贝克·阿德思博设计的室内空间；

第26、27页中的图片为www.rueverte.dk室内设计师米萨拉·耶森在哥本哈根的家；

第28、29页中的图片为珠宝设计师丽贝卡·诺金在哥本哈根的家；

第30~37页中的图片为www.rueverte.dk室内设计师米萨拉·耶森在哥本哈根的家；

第38~49页中的图片为卡拉克维&德拉齐奥创意工作室；

第50~59页中的图片为珠宝设计师丽贝卡·诺金在哥本哈根的家；

第60~69页中的图片为室内设计师安德斯·克拉考位于哥本哈根韦尔特街的家；

第70、71页中的图片为艺术品收藏家萨拉·莱斯加德的家；

第72~79页中的图片为斯德哥尔摩Note Design设计工作室的室内设计师丹尼尔·赫克尔的家；

第80~91页中的图片为艺术品收藏家萨拉·莱斯加德的家；

第92~103页中的图片为斯德哥尔摩www.isabelle.se网站的创意总监兼电视主持人伊莎贝尔·麦卡利斯特的家；

第104、105页中的图片为设计师丽格·比耶·安德森在奥斯陆的家的室内装饰；

第106~119页中的图片为Note Design设计工作室的室内装饰；

第120~129页中的图片为设计师丽格·比耶·安德森在奥斯陆的家的室内装饰；

第130~141页中的图片为Note Design设计工作室主持设计的斯蒂芬·伦特堡的家；

第142~151页中的图片为梅特·阿德思博和米克尔·贝克·阿德思博设计的室内空间；

第152页中的图片为卡拉克维&德拉齐奥创意工作室的室内装饰；

第153页中的图片为珠宝设计师丽贝卡·诺金在哥本哈根的家的室内装饰；

第154、155页中的图片为斯德哥尔摩www.isabelle.se网站的创意总监兼电视主持人伊莎贝尔·麦卡利斯特的家；

第159页中的上左图和下右图为Note Design设计工作室的室内装饰；

第159页中的上右图为斯德哥尔摩www.isabelle.se网站的创意总监兼电视主持人伊莎贝尔·麦卡利斯特的家；

第159页中的下左图和第160页中的图片为斯德哥尔摩Note Design设计工作室的室内设计师丹尼尔·赫克尔的家的室内装饰。

设计人员信息

米克尔·阿德思博
室内与食品摄影师
丹麦哥本哈根2200，STRUENSEEGADE
15A 1 SAL TV.
T: +45 51 92 57 00
E: MIKKEL@MIKKELADSBOL.DK
WWW.MIKKELADSBOL.DK
WWW.KBHSNEDKERI.DK
WWW.KOEKKENSKABERNE.DK
WWW.KMLDESIGN.WORDPRESS.COM
WWW.COMFORTBEDS.DK
前衬页下左、4、10~11、25下图、
142~151、后衬页下左。

丽格·比耶·安德森
室内设计师
WWW.RIKKESROOM.BLOGG.NO
前衬页下上中左图1、6、25上图、
104~105、120~129、后衬页中左。

卡拉克维 & 德拉齐奥创意工作室
挪威奥斯陆0192，圣哈尔瓦德道1C
T: +47 452 38 185
T: +47 900 72 718
E: POST@KRAKVIKDORAZIO.NO
WWW.KRAKVIKDORAZIO.NO
页码16、38~49、152。

麦卡利斯特小姐
创意公司
WWW.ISABELLE.SE
WWW.DOSFAMILY.COM
页码2、92~103、154~155、159上右。

NOTE DESIGN设计工作室
瑞典斯德哥尔摩116 40，
NYTORGSGATAN 23
T: +46 (0)8 656 88 04
E: INFO@NOTE
DESIGNDESIGNSTUDIO.SE
WWW.NOTE
DESIGNDESIGNSTUDIO.SE
前衬页上中，下右2，下右1和下左
2，页码3、5、7左、7右、14、20
左、23、24、72~7、106~111、
130~141、159上左、159下右、
159下左、160。后衬页上中图、
下右1、下左2、下左1。

丽贝卡·诺金珠宝
丹麦哥本哈根1260，布莱德街25号
T: +45 33 32 02 60
E: RN@REBEKKANOTKIN.COM
页码18~19、28~29、50~59、153。

韦尔特街家居概念店
丹麦哥本哈根1101，新东街11号
T: +45 33 12 55 55
E: CONTACT@RUEVERTE.DK
WWW.RUEVERTE.DK
PRODUCT DESIGN:
WWW.ARRONDISSEMENT·CPH.COM
页码7中、9、17、20中、20右、21、
26、27、30~37、60~69。

鸣谢

感谢RYLAND PETERS & SMALL 出版公司的每一个人，让这本书如此美丽，如此鼓舞人心。特别感谢安娜贝尔在整个过程中对我的指导，也感谢萨拉播下了这个项目的种子。感谢贝丝和萨尼亚到斯堪的纳维亚半岛旅行拍摄照片，捕捉到每个项目非凡的特别性。

几位朋友和家人在整个过程中主动提出真诚建议——阿克塞尔、安、法比安、佐贺和埃里克，你们的帮助是无价之宝。

最后，我要感谢所有的房主，分享他们对色彩和北欧风格的个人想法。是你们让我抛弃了白色的墙壁，喜欢上了有活力的鲜艳颜色。相信很多人也是这样。